アブラヤシ（パーム）農園の拡大によって生息を脅かされるボルネオゾウなどの野生動物を守るため「ボルネオ保全トラスト」を設立し、レスキューセンターの建設などを進めてきた

無香料・無着色で“人と地球にやさしい”ヤシノミシリーズ。RSPO認証を取得し、売り上げの１%が認定NPO法人ボルネオ保全トラスト・ジャパンに寄付される

収穫されたアブラヤシ

生物多様性保全に向き合う

サラヤの主要商品の１つである洗剤の原料、パーム油はアブラヤシ（パーム）から採れる。パーム農園があるインドネシアのボルネオ島・サバ州で、サラヤは2004年から生物多様性の保全活動に取り組む（第３章）

「ブルー・オデッセイ」プロジェクトの主役「ポリマ号」。
2021年12月に大阪に寄港した

「ポリマ号」の前身である「レース・フォー・ウォーター号」に乗船し、環境配慮の設備について説明を受ける　©Race for Water Foundation - Peter Charaf

海洋プラスチック問題に挑む

次世代に美しい海を残すために現在、解決に挑んでいるのがプラスチックの海洋汚染問題だ。ソーラー駆動船で世界を航海しながら海洋プラスチックごみを調査し、啓発活動を展開する「ブルー・オデッセイ」プロジェクトを推進する（第8章）

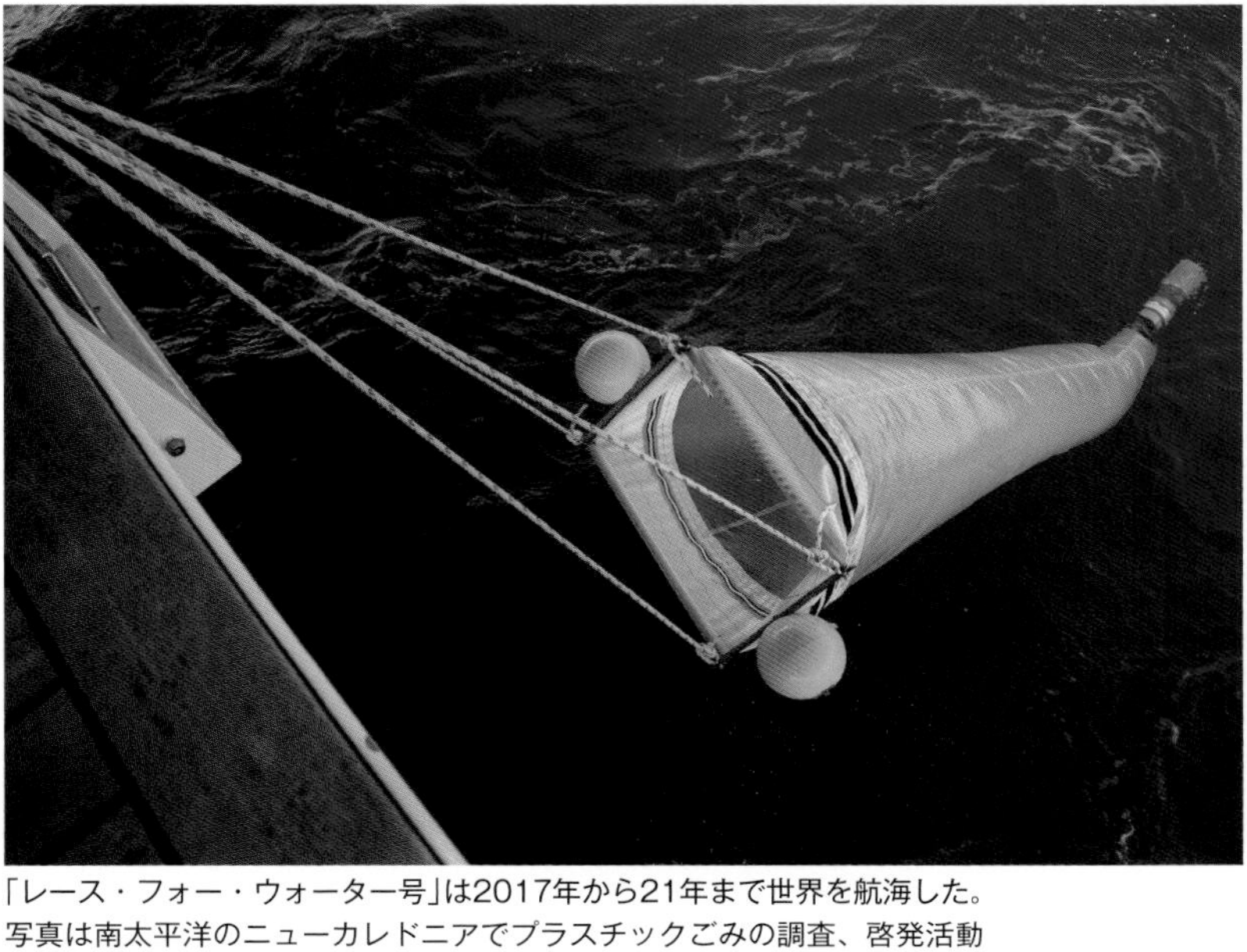

「レース・フォー・ウォーター号」は2017年から21年まで世界を航海した。写真は南太平洋のニューカレドニアでプラスチックごみの調査、啓発活動を実施する様子　©Race for Water Foundation - Peter Charaf

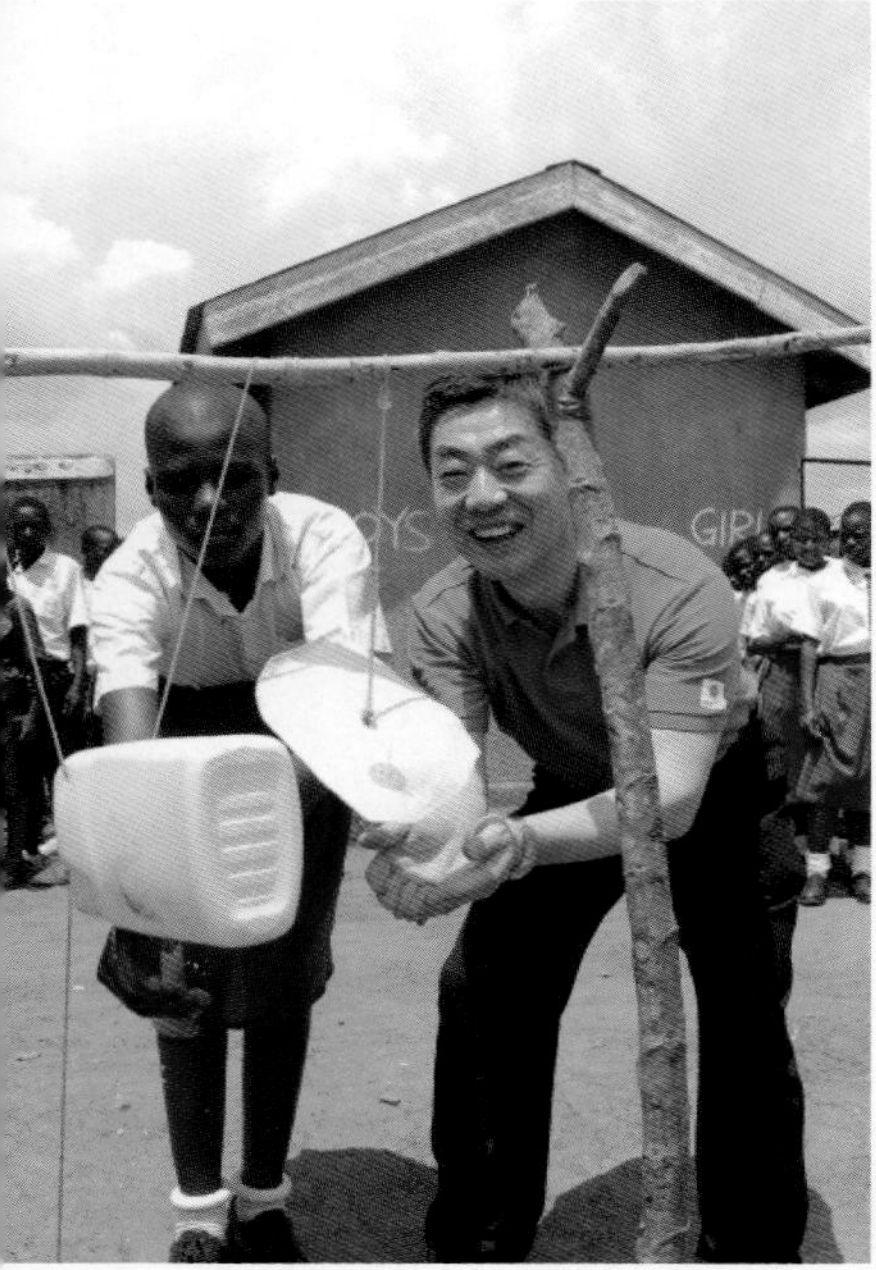

手洗いを世界へ

2010年、日本ユニセフ協会とウガンダ政府と共にアフリカのウガンダで「100万人の手洗いプロジェクト」をスタートさせた。手洗い設備の設置や正しい手洗いの啓発活動などを進めており、普及率は着実に高まっている（第4章）

ウガンダの子どもたちと
簡易型の手洗い設備を使う

コンシューマー市場のアルコール手指消毒剤やハンドソープなど対象製品の売り上げの１%が、ウガンダで展開しているユニセフの手洗い普及活動に寄付される

簡易型の手洗い設備で手を洗うウガンダの子どもたち

ウガンダでは、東アフリカにおける食品衛生事業のモデルケースを目指し、和食店「YAMASEN」に出資

成長市場アフリカで新たな展開

これからの成長市場アフリカでのビジネスは徐々に規模を拡大している。アフリカの風土病であるスナノミ症の感染対策ローションの開発をケニアで進めるほか、エジプトではホホバ油の開発・加工を手がける（第４章）

2018年にホホバ油の開発と加工の事業をスタートした。ホホバは砂漠地帯に生える希少な植物で、その油は人間の肌の油に近く、化粧品原料としても有用な素材

ホホバの植樹による
砂漠緑化の取り組みも

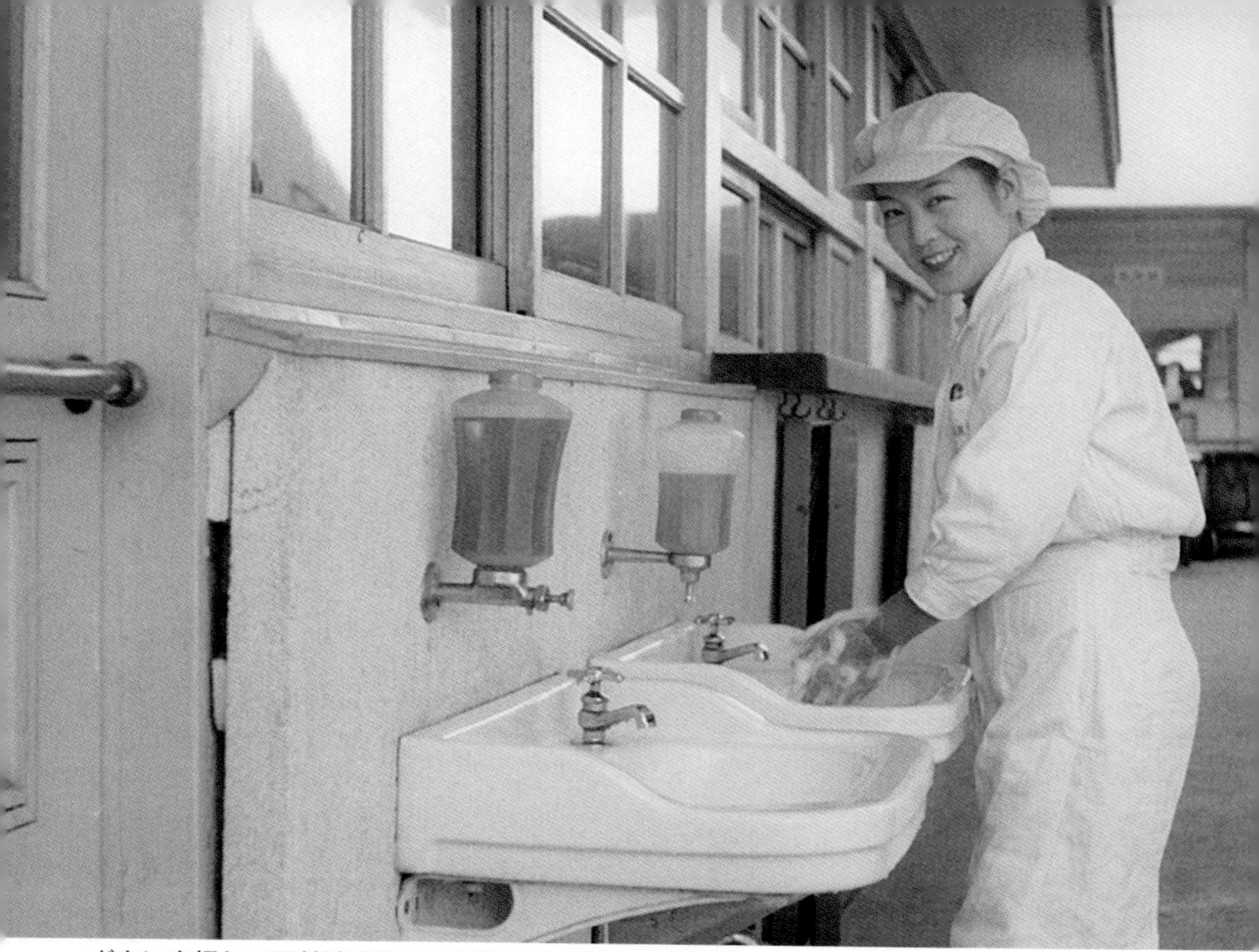

ボタンを押して石鹸液を出すお馴染みの手洗いの風景は、サラヤが普及させた

発売当時の「パールパーム石けん液」

「衛生・環境・健康」の向上を事業目的とするサラヤの前身、三恵薬糧は1952年に創業した。「パールパーム石けん液」と石鹸液を衛生的に使用できる押し出し式の容器を開発して発売した（第７章）

すべては手洗いから始まった

世界の衛生、環境、
健康の向上に貢献する

新型コロナウイルス感染症が流行し始めた2020年３月に稼働を開始した関東工場
（茨城県北茨城市）

創業者である父、更家章太は熊野川支流の流域で生まれ育った。汚れを清め、自然に無理をかけず、無駄を出さない。清流の自然観が経営の根底にある

「常に時代を先取りし、衛生・環境・健康に関わる革新的な商品とサービスを客様に提供し続ける」をサラヤは企業ビジョンとして掲げる。感染症対策がニューノーマルになる中、衛生関連商品の需要は大きく、サラヤの国内売上高は2020年度に750億円を超えた（第１章）

地球市民宣言
ビジネスで世界を変える

サラヤ株式会社社長
更家悠介 著

日経BP

目次

□ はじめに

私が社長を務めているサラヤという企業を「ヤシノミ洗剤の会社」としてご存じの方もいると思います。いまやエコ洗剤の代名詞として知られているヤシノミ洗剤はヤシの実由来の植物性洗剤です。洗った後の排水は微生物によって水と二酸化炭素にすばやく分解され、地球に還ります。

一般の方はサラヤに対して「自然派の企業」というイメージを持っているだろうと自負しています。自然な素材を使って商品を作ることは、サラヤの創業から続く伝統であり、企業文化に根ざしたDNAになっています。今や看板商品となったヤシノミ洗剤は、創業当時の手洗い石鹸液と同じく天然素材を用いた「人と地球」に優しい製品作りに取り組むという精神を今も引き継いでいるのです。

最近「地球に優しい」という言葉をよく聞くようになりました。「地球に優しい商品やサービス」とか「地球に優しい生活を心がけよう」というようにです。裏を返せば、これまでの人間の活動や生活が地球に優しくなく、自然資源を収奪した上に成り立ってきたという証左にほかなりません。

今多くの企業がサステナビリティ経営の指標である「ESG」に積極的に取り組んでい

ます。ＥＳＧとは環境（Environment）、社会（Social）、ガバナンス（Governance）の３つの頭文字を合わせた言葉で、社会的および環境的な要因に対して、企業がいかに誠実に対応しているかを評価するものです。

企業である以上、売り上げや利益を増やして、株主などの投資家に還元していく大きな責任があります。これまで企業の価値を測る方法は売り上げや利益などの業績や、どれだけキャッシュや不動産などの資産を持っているかという、損益計算書（Ｐ／Ｌ）や貸借対照表（Ｂ／Ｓ）など財務諸表に現れる財務指標の分析が主流でした。上場企業であれば株価を上げて時価総額を増やすことで企業価値を高めることも重要でしょう。

一方で、企業が安定的かつ長期的に成長していくには、気候変動など環境問題や人権など社会問題への取り組み、どのように企業経営をしているかを表すガバナンスが少なからず影響するというＥＳＧの考え方が広まりました。数値に表れる財務状況だけでは見えてこない将来の企業価値を見通す上で、非財務情報であるＥＳＧの重要性が認識されるようになったのです。

例えていうならば、目先の利益を優先して社会や環境を害してでも自分たちのことだけを考えて事業活動している企業と、社会を構成する一員としてより良い未来を築くために環境問題など様々な課題に取り組みつつ利益を出している企業では、どちらが長期的な成長性があるのかという考え方です。

普通に考えれば後者の方が、より社会の役に立っていて、将来にわたって応援したい企業だと思うでしょう。もちろん、「そんなことは、きれいごとだ」という声が出るだろうということは理解しています。ただ、企業に限らず、世界中の人たちが自分の利益になることだけを追求していけばどうなるでしょうか。

現在、地球や世界が直面しているのは、そのような状況です。ＥＳＧはもともと投資の考え方です。企業に事業資金を供給する金融機関や投資家に対して、ＥＳＧの観点を投資の意思決定プロセスに組み込むことを国連が「責任投資原則」（ＰＲＩ：Principles for Responsible Investment）として提唱しました。社会に良い影響を与え、未来を良い方向に変えていくため、投融資の観点から企業に取り組みを求めたのです。

二一世紀に入って、世界中で多くの人が国連の提唱する「持続可能な開発目標」（ＳＤＧｓ）に本気で取り組み、企業がＥＳＧの視点を経営に取り込もうと変わってきているのは、様々な課題を抱える世界の現状を改善したいという思いの表れでしょう。

創業当初から、環境にも人の肌にも優しい天然の素材を使った製品を作り続けてきたサラヤは、企業理念として利益優先ではなく、環境や自然に配慮した商品を出し、世界的な環境保全や貧困対策などの社会貢献に取り組んできました。「きれいごと」と思われるかもしれない理念を貫いてきたことで、創業以来七〇年にわたって成長することができたのです。

ＳＤＧｓやＥＳＧに取り組むのは、社会のためになるからとか、環境に良いから、というだけが理由ではありません。売り上げや利益優先で一時的には大きく儲けることができても、社会や環境への配慮を怠った企業には、決して未来はありません。社会や自然環境に向き合い、誠実に事業を進めてきた企業を世の中はきちんと評価してくれます。

江戸時代から明治にかけて、近江国（現在の滋賀県）に本店を置いて、他国へ行商して歩いた近江商人は「売り手によし、買い手によし、世間によし」という「三方よし」を経営哲学として持っていました。

近江商人は自らの利益だけを求めるのではなく、多くの人に喜ばれる商品を提供して信用を獲得し、利益がたまると無償で学校などを建てたりして世の中に大いに貢献しました。三方よしは「商いは自らの利益だけでなく、買い手の顧客はもちろん、世の中にとっても良いものであるべき」という現代の経営哲学にも通じる考え方です。

サラヤは近江国の発祥ではありませんが、世のため、人のため、そしてもちろん自分たちのために事業を推進し、ここまで成長することができました。

「情けは人のためならず」ということわざがあります。人に対して情けをかけていると、巡り巡って自分に良い報いが返ってくる、という教えです。

SDGsもESGも同じだと思います。世の中を良くしよう、目の前の問題を解決して困っている人を手助けしようという活動を続けていると、それは巡り巡って会社の評判を高めて信用を得ることができ、売り上げや利益を増やして成長につながるのです。


いま世界には様々な難問や課題が山積しています。ひとつの課題を解決するだけでも、一社では到底太刀打ちできず、何年にもわたって取り組んでいかなければならないような重いものです。

サラヤ一社でそれらの課題をひとつでも解決できるなどと思っているわけではありません。

けれども世界中の一人ひとりが「地球市民」であるという気持ちを持ち、様々な課題を「自分ごと」として捉え、本気で取り組んでいけば、世界を少しでも良い方向に変えていけるはずです。

地球の人口は現在七八億人を超え、二〇五〇年には一〇〇億人近くに達すると予測されています。人種や国籍、思想、歴史、文化、宗教などの違いを乗り越え、誰もがその背景によらず、人として尊重される社会の実現を目指すことで「地球市民」になっていくという考え方は、ＳＤＧｓの思想にも通じるといえるでしょう。

私自身もサラヤという企業の経営者として、また一個人として「地球市民」であることを意識して行動していきたいと常々考えてきました。

今年二〇二二年、サラヤは創業七〇周年を迎えることができました。これまでの七〇年を総括して次の七〇年に向けて未来を見通し、この書籍で思いを伝えるために筆を取ることにしました。

いま人類は大きな転換点を迎えています。一八世紀後半に始まる産業革命以降、世界は石油や石炭、天然ガスといった化石燃料をエネルギー源として使って成長を続けてきました。化石燃料は、大昔に地球上に生きていた動植物が地中深くに閉じ込められ、長い時間をかけて地球の圧力がかかってできたものです。人類をはじめとして地球上の動物、植物は有機生命体です。有機物である化石燃料は炭素原子を含んでおり、化石を掘り出して燃やせば、太古の昔から蓄積されていた二酸化炭素が大量に大気中に放出され、大気中の二酸化炭素の量が急激に増えます。

経済成長を通じて世界は豊かになり、私たちの生活は産業革命が始まったとされる二六〇年前の一七六〇年代頃と比べれば格段に便利になり、様々な技術革新を通じて世界中を旅したり、居ながらにして連絡を取り合うことができるようになったり、多くの病気を克服して平均寿命が大きく伸びたりして、より多くの人が地球上で生活できるようになったのです。こうしたことは人類の進歩の正の局面といえるでしょう。

その一方で、人類がエネルギー源として使った結果排出された二酸化炭素は大気中で徐々に濃度が高まり、現在では毎年二ｐｐｍ程度増加を続けています。産業革命当時の大気中の二酸化炭素濃度は二八〇ｐｐｍでした。世界気象機関（ＷＭＯ）によれば、二〇二〇年の世界の平均濃度は四一三・二ｐｐｍで、二〇二五年頃には四二〇ｐｐｍに達するとみられています。これは産業革命前と比べると、世界中の二酸化炭素濃度が五〇％も増えているということなのです。

二〇二一年一〇月から一一月にかけて、英国グラスゴーで開催された第二六回気候変動枠組条約締約国会議（ＣＯＰ26）では気候変動対策が話し合われ、地球温暖化による破局的な悪影響を防ぐための分水嶺とされる「産業革命以来の世界の平均気温の上昇を一・五度に抑える」というグラスゴー気候合意が国際的な共通目標となりました。

地球温暖化はあらゆることに悪影響をもたらします。洪水や台風・ハリケーンなど気候変動による災害が激甚化し、気温の上昇や乾燥化により世界中で山火事が起きたり、南極やグリーンランドの氷床が融解して海面上昇が進み、海抜の低い島国や沿岸の都市が水没などの影響を受けたりしています。ほかにも温暖化が生態系に大きな影響を及ぼし、絶滅する動植物が増えたり、永久凍土に凍結されていた未知の病原菌が永久凍土の融解で活性化するなど感染症のリスクも高まります。

産業革命から現時点まで世界の気温は平均で一・一度ほど上がっています。国際的な目標とする一・五度は目の前です。気候学者の中には「地球は気候変動の転換点（ティッピングポイント）に近づいている」という説を唱える人が増えています。気候変動の転換点とは、その気温を超えたら、たとえ二酸化炭素など温室効果ガスの排出をゼロにしても気温は下がらず、その状態が将来にわたって続くことをいいます。そのため不可逆的ポイントとも呼ばれています。

気温の上昇が続けば、海水温が上がり、大気や海流の動きが変わることで、アマゾンの熱帯雨林がサバンナ化し、南極の氷床が融解する可能性もあります。この「温暖化のドミノ倒し」が起こる境界は二度前後とみられています。

温暖化のドミノ倒しが続けば、地球の多くの地域は人間が生息するのに適さないほど暑い「ホットハウス・アース」になってしまい、人類の存続にとって最大の危機が訪れます。

ＳＤＧｓに取り組み、より良い世界を目指していくことは、人類だけでなく全ての生物や自然環境にとってより良い地球を守り続けていくことにつながるのです。

地球温暖化や環境破壊の阻止に向けて、サラヤ一社にできることは限られています。けれども、地球温暖化の問題を訴えているスウェーデンの環境活動家グレタ・トゥンベリさんは「変化を起こすのに小さすぎることなんてない」と、若者たちの先頭に立って声を上げ続けています。

世界はいま大きな岐路に立っています。持続可能な地球を未来の世代に残せるかどうかの岐路です。残された時間はあまり長くはありません。

「きれいごと」と言われることを承知で、私たちの思いを伝え、サラヤがどのように活動してきたかを紹介したいと思います。環境や社会課題の解決と、企業の成長は両立することを、サラヤという一つの実例を通してお伝えしたいと思います。

世界にあふれる様々な課題を考えていく上で、少しでも参考になり、世界を良い方向に変えていく助けになれば幸いです。

二〇二二年四月

更家 悠介

1 感染症と戦い続けてきたサラヤ

二一世紀に入って二〇年が経ちましたが、年を追うごとに地球環境が人間の生活と密接に関わっていることを強く感じるようになっています。

地球温暖化が進展して気候変動による自然災害は激甚化しており、その影響は至るところに出始めています。温暖化だけではありません。地球環境をめぐる課題はいまや山積みしています。

温暖化を抑えるために化石燃料の使用抑制によるカーボンニュートラル実現、再生可能エネルギーなどを活用した脱炭素社会への移行、生物多様性の保全、海洋ごみやプラスチックごみ問題、感染症の対策、天然資源の使用抑制と循環型社会への移行、食糧や水問題など数え上げればキリがありません。

そのどれもがすぐにでも対応を迫られている喫緊の課題なのです。

私たちサラヤのビジネスもこうした地球環境をめぐる課題に大きな影響を受けています。特に主力事業の手洗い石鹸や手指消毒剤などは、昨今の環境問題の影響を大きく受けているビジネスだといえます。

より良い地球を次の世代に引き継いでいくためにできることに全力で取り組み、少しでも良い社会にするために貢献していく。持続可能な社会の実現に向けて、商品の開発を続け、世界の衛生環境の向上や生物多様性の保全に取り組んでいくことがサラヤの使命だと信じています。日本というひとつの国にとらわれることなく、地球という惑星の上で生きている「地球市民」として何ができるかを考えていきたいのです。

私がこうした想いに至った経緯をひも解いていく前に、いま私たちがどんなことに取り組んでいて、何を目指しているのか、最初に少しだけご紹介しておきましょう。

□二〇二〇年、新型コロナとの戦いが始まった

今なお世界中で大きな影響を及ぼし続けている新型コロナウイルスによる感染症（COVID-19）のパンデミック（世界的大流行）は、サラヤが力を入れている公衆衛生に関わる重要な課題です。

「中国湖北省武漢市で原因不明の肺炎が発生」しているというニュースを日本のメディアが報じ始めたのは、二〇二〇年に入ってからでした。武漢市の衛生健康委員会によると、原因不明の肺炎を患者が最初に発症したのは二〇一九年一二月一二日だったということですが、いくつかのネットニュースなどが中国・武漢で新型肺炎が発生したと報じたくらいで、世界はいつも通りの平穏な年の瀬を迎え、二〇二〇年が始まったのでした。

まだ正月が明けて間もない二〇二〇年一月六日、日本の厚生労働省の健康局結核感染症

課は、各都道府県・保健所設置市・特別区衛生主管部（局）ならびに日本医師会に対して「中華人民共和国湖北省武漢市における非定型肺炎の集団発生に係る注意喚起について」という事務連絡を発しています。

「令和元（二〇一九）年一二月、武漢市衛生健康委員会（Wuhan Municipal Health Commission）から、武漢市における非定型肺炎の集団発生について発表がありました。当該肺炎の原因については調査中であり、現時点では不確定な部分が多いことから、武漢市に滞在歴があり、呼吸器症状を発症して医療機関を受診した患者については、院内での感染対策が徹底されるよう改めて管内医療機関へ周知をお願いします」といった内容でした。

これが日本の新型コロナウイルス感染症との戦いの始まりでした。

それ以降、日本の報道機関も徐々に中国の新型コロナウイルスによる肺炎について報じるようになり、一月一〇日には、当時まだ官房長官だった菅義偉氏が閣議後の記者会見で、中国で発生した新型コロナウイルスについて「情報収集や健康状態の確認など引き続き、万全の対応をとっていきたい」と述べています。

その後、日本でも一月一六日に中国・武漢に渡航歴がある三〇代男性が発熱症状で医療機関を受診し、新型コロナウイルスの陽性判定が出て国内で初めての患者となったのです。

この時点でも、初の陽性患者に関して記者会見した厚生労働省は「現時点で家族間など限定的な人から人への感染の可能性は否定できないが、持続的な人への感染の明らかな証拠はない」として、飛行機や電車などに同乗した人に感染が拡大するリスクは低いとしていました。

一気に事態が緊迫したのは、中国の情勢が深刻化したからでした。新型コロナウイルス感染症の発生地である武漢市が一月二三日に飛行機や公共交通機関の運行を一時停止し、一月二五日に始まる春節（旧正月）に合わせた休暇を前に事実上の都市封鎖を行ったのです。

事ここに至って、新型コロナウイルス関連のニュースは世界中で報道されるようになりました。とはいえ中国で発生した新型肺炎という受け止め方が強く、まだ対岸の火事と思われていました。

けれども私は長年、ビジネスを通じて公衆衛生に関わってきたことから、今回の新型コロナウイルスには得体の知れない胸騒ぎを感じていたのです。

実は私は毎週のように社員に向けて「社長メッセージ」を書いています。メッセージはイントラネットに掲載され、社員の誰もが読めるようにしています。内容は期首の取り組み目標だったり、最新のビジネス状況の共有だったり、日頃の雑感をまとめたり、業務の要諦を伝えたりと何でも文章として残しています。文章を書くのが好きなんですね。かなり読み応えのある長文の時もありますから、読まされる社員も一苦労だとは思いますが、全社員に私の考え方を伝えるための重要な手段なので、止める気はありません。

新型コロナウイルスの感染症について、日々報じられるようになり始めていた二〇二〇年一月二七日、私は社長メッセージとして、次のような文章を社員に向けて書きました。

◘社員に向けたメッセージ

「社会的使命を果たせ、新型コロナウイルス肺炎が蔓延！」

二〇二〇年・令和二年が始まり、中国では春節なのに、新型コロナウイルス肺炎が猛威を振るっています。中国が最初に新型コロナウイルスの感染を発表したのは、前年の一二月ですが、一月二五日には、感染者数は二〇〇〇人、死者は五六人に上っており、中国以外でも、日本、韓国、香港、マカオ、台湾、シンガポール、タイ、ベトナム、米国、フランス、オーストラリアなど一三カ国に広がってきています。

中国では、人口一一〇〇万人の武漢市が、一月二三日から交通遮断や外出禁止などの封鎖措置をとっており、いわば東京クラスの都市が封鎖される規模の対策がとられました。住民の方々は、食べ物などの補給にも困っていると予想されます。当社も、サプライヤー二社が武漢にあり、連絡しても連絡がとれず、今後サプライチェーンの影響を受けそうです。封鎖の社会的インパクトは相当に大きいものが予想されますが、中国政府は思い切って決断しました。

このような状況をマスコミが毎日報道しているため、お客様からの問い合わせや注文が増えています。当社の社会的使命を考えても、できるだけ丁寧に要望を拾い上げ、対応することが大切です。中国の新華医療との合弁会社である新華・サラヤでは、手指消毒剤を生産していますが、注文が増大していて、、春節期間中で故郷に帰っていた従業員を呼び戻して生産を始めました。

このような緊急事態の時にお客様への対応を誤ると、後々まで話題にされることがあります。以下のメッセージを参考に、それぞれ対応をよろしくお願いします。

―――― 中略 ――――

(二) 最適なコミュニケーションをとろう

コロナウイルスは、SARS(重症急性呼吸器症候群)やMERS(中東呼吸器症候群)にも共通するウイルスです。当社では、ノロウイルス、インフルエンザ、コロナウイルスなどを意識して、アルコール手指消毒剤「ウイルステラ」などの開発や改善を行ってきました。ノロウイルス対策では、環境清掃などのアルコールワイパーなども開発してきています。

今回のコロナウイルスに対する各商品の効用、お勧めなどの見解、各商品の有効な使い方など、至急、社内で共有して見解をまとめ、それをコミュニケーション本部がわかりやすいメディアにして、①営業担当者への教育　②各セグメントのお客様へのコミュニケーションのツールとして浸透させるべきです。すでに各本部で対応している文章やパンフレットもチェックして、できるだけわかりやすく、当社の商品との関連を付けてまとめてください。時間が限られる中での対応ですので、各部門では早いまとめと対応をお願いします。

(三) 購買、生産、在庫、物流について

アルコール手指消毒剤では、ポンプ、ボトル、ラベルなど調達に時間がかかります。できるだけ早い段階での需要予測の精度を上げ、資材や原材料の発注につなげなければなりません。このような事態では各メーカーから業者に注文が殺到します。早いうちに購買を決定することが求められます。

二〇〇九年のインフルエンザ騒動の時には、お客様の見込み発注、営業の見込み発注、資材の電話での発注で発注書や契約書がないなどの問題が起こりました。社会的使命を果たすため、多少のリスクは負担しますが、ビジネスのプロセスにおいて適正な処理をしながら対応しましょう。

(四) 緊急事態への対応力強化について、

今、地球温暖化による豪雨や異常気象、地震、感染症のパンデミックなどわれわれを取り巻く環境は、急激に変化しています。ビジネスも、変化や緊急対応に対してレジリエントなシステムを構築していく必要があります。そのためには一体何をすれば良いのでしょ

うか？

まず情報システムのレベルアップです。需要予測とサプライチェーンの情報化、データの共有化と意思決定のスピードアップ、場合によってはＡＩ（人工知能）判定の導入、ロボティクスによるプロセスの効率化、国際化・グローバル化など、情報戦略と実践をさらに進める必要があります。

変化への対応の受け皿となるのは多様化の推進です。このたび関東工場の稼働が始まることで、サプライチェーンの多様化ができ、効率化とともに地震や豪雨など自然災害のリスク分散にもつながります。さらに国内外の自社・他社を問わないサプライチェーン構築によって多様化を実現し、レジリエントなシステムをレベルアップします。

また企業は、お客様があって存立しますので、多くのお客様にご愛顧いただくことによって多様化が進み、それだけサラヤのレジリエント・レベルが向上します。多くの分野のお客様にお取引をいただくということは、営業や商品開発の多様な能力やスキルが要求され、それぞれの部署でもマネジメントレベルの向上なしには、その達成は不可能です。

究極の目標は、会社を構成する一人ひとりのメンバーが、会社の戦略を理解し、その上でそれぞれの職場で自分の役割を考え実行することでレジリエントな会社を実現することです。不断に努力を継続しないと、すぐに元の状態に戻ってしまいます。二〇一九年に開催されたラグビー・ワールドカップで日本代表チームが「ワンチーム」となって、指示がなくてもそれぞれの役割を十分発揮できたことにもつながります。

このようなパンデミックの時には、会社の能力が試されます。お互いにコミュニケーションを増やしながら、会社の使命として、チームワークで社会に必要な商品とサービスを提供できればと思います。新華医療との合弁会社では、春節を返上して生産を続けています。われわれも負けずに、緊張感を持って対応できるよう頑張りましょう。

仕事は忙しいけれど、今週も笑顔を忘れず、挨拶はハキハキと、元気に頑張りましょう。

以上

中国には新華医療との合弁会社である山東新華医療生物技術有限公司があり、ほかにもサラヤ上海やサラヤ香港という営業拠点、製造拠点であるサラヤ東莞工場、サラヤ桂林工場があります。サラヤ・グループの一員として「世界の衛生・環境・健康」の課題解決に取り組んでいる仲間が得体の知れない感染症の危機にさらされているかと思うと、気が気ではありませんでした。

折りしも中国は一年で最も人が移動する春節（旧正月）の時期を迎えています。中国人の最も人気のある海外旅行先は日本で、次いでタイ、シンガポール、マレーシア、ベトナムと続きます。日本での旅行目的は「雪見」「温泉」「ウインタースポーツ」といった体験型商品が人気で、春節期間も同じ傾向になると予測されていました。

ニュースで見てご存知の方も多いと思いますが、日本の正月と同じように中国では春節の時期になると都会で働いている人が実家のある地方に帰省することも多く、鉄道や飛行機、道路、フェリーが大混雑するのは毎年のことです。人口が一四億人を超える中国で、一月一〇日から春節（二〇二〇年は一月二五日）をはさんで二月一八日までの四〇日間で延べ三〇億人が移動すると予測されていました。

現在の世界の総人口は「世界人口白書二〇二一」によると七八億七五〇〇万人ということですから、世界の人口の四割近い人がこの時期に中国国内だけでなく、世界中を移動することになるのです。

まだ詳しい状況が把握できないまま、新型コロナウイルスに罹患しているかも知れない患者があちこち移動して、ウイルスをばら撒く悪夢が起きかねないと世界中の公衆衛生当局が不安を感じたのも無理ないことでしょう。

そのため中国の国家衛生健康委員会は一月一九日に「春節期間に警戒を強め、感染拡大を巡る動向や変化に細心の注意を払い、感染防止・制御策の実施を指導する」と表明し、封じ込めは可能との見方を示しました。さらに中国文化観光部の要請で旅行代理店が航空券とホテルを含む団体旅行とパッケージツアーを停止し、中国国内の団体旅行は一月二四日から停止され、海外旅行も一月二七日以降の出発が禁止となりました。

新型コロナウイルスの封じ込めのためには重要な措置だったといえるかもしれません。ただ、二〇一九年の訪日客三一八八万人のうち、中国人観光客は約三割を占める九五六万人でした。中国人旅行者の急なキャンセルは日本の経済にも大きな影響を及ぼすことになるのです。

世界は一つにつながっている。私は改めてこのことの意味を噛み締めました。

□日本での感染が始まった

翌週の社長メッセージでは、次のように社員に注意を促しました。

大型豪華客船「ダイヤモンド・プリンセス」号に乗船していた香港の男性が下船後に新型コロナウイルスの感染が確認されたことを踏まえて、横浜・大黒ふ頭沖に停泊し、乗客乗員約三五〇〇人を対象とした大規模な検疫を実施した二月三日のメールです。

「新型コロナウイルスへの対応（2）！」

二月三日は節分、二月四日は立春、春は間近です。

大阪では、日当たりのいい場所では、もう梅の花が咲き始めています。世間では、新型コロナウイルス、中東騒乱、桜を観る会、アメリカ大統領選挙に向けた選挙活動など、いろいろなことが起こって騒々しい限りですが、花は何ごともなかったように、開花の準備を始めています。

「年年歳歳花相似、歳歳年年人不同、（年々さいさい花相似たり、さいさい年々人同じからず）」と中国の詩にもありますが、人も花にならい、今年も相似て変わらず元気に活躍をお願いしたいものです。

㈠ 新型コロナウイルス肺炎は、しばらく続く。

新型コロナウイルスによる肺炎ですが、二月二日・日曜日の報告では、患者数は一万四三八〇人、死者は三〇四人になり、世界二六の国と地域に広がりました。一週間前の一月二五日には、感染者数は二〇〇〇人、死者は五六人だったのが、一週間で患者もかなり増えています。変化が速いので、情報交換を密にしながら対応しましょう。

㈡ 日本では、まだ抑制されています。冷静に対応しましょう。

日本の感染者は二〇人、全て武漢に関係した方ばかりで、日本人同士の感染は確認されていません。初期には武漢からの帰還者の相部屋、検診を受けない二人の退出など、隔離政策から言えば不適切な対応もありましたが、日本では感染について、おおむねコントロールされています。慌てず冷静に対応しましょう。

㈢ 中国では、感染が広がり、あまりに多い感染者に十分なコントロールができていません。

湖北省・武漢を中心に感染が広がっています。また中国全土にも感染が広がりました。数多い罹患者に医療施設が追い付かず、市井に感染者が徘徊するリスクがあり、コントロールできていません。医療施設の増設、春節の延長や、会社のスタートの延期などで人々の交差汚染をなくす措置は取られていますが、収束には時間がかかりそうです。

㈣ 中国人の国際的な移動について。

各国では、それぞれレベルは違っていても、中国の方々がその国に入国することの移動を制限しています。これも中国の収束に合わせて、解除されるとは思いますが、少し時間がかかりそうです。

㈤ 偏見や差別は厳禁です。

中国の方々に対して偏見を持ったり、差別的な発言をする方がいます。日本でも地震や津波、洪水で罹災したときに国際的にも助けていただきました。中国も今は困難な時期ですので、厳にエビデンスのないうわさや風評による差別的な発言は控えましょう。

㈥ マスクや衛生資材の供給について。

当社は、マスクや衛生資材を、医療分野やその他の分野に販売しています。中国におけるマスクの製造や流通は、政府の統制下に置かれており、今までのような入荷や在庫確保は、たいへん難しい状況です。手指消毒剤などでもポンプやボトルが足りず必要な数量の生産のめどが立たないので調整が必要です。SCM（サプライチェーン管理）の方で調整していますので、お互いにこまめに情報を出しながら、限りある在庫の最適な活用をお願いします。

㈦ スタンダードプリコーション（標準予防策）を理解して、営業を推進しましょう。

このようなパンデミックの場合においても、まずスタンダードプリコーション（標準予防策）が大切です。標準予防策は衛生の基本なので、各営業担当者はよく理解した上で、ビジネスを組み立てましょう。

先週の社長メッセージでもお願いしましたが、このような感染症への対応は、サラヤの使命です。生産現場やSCMでは、われわれの仲間が、供給を切らさないよう必死で頑張ってくれています。社会的ニーズに応えられるよう冷静かつ適切に対応いただきますよう、よろしくお願いします。

――――後略――――

以上

私たちが何を考えて、どのように事業を進めているかを知ってもらうために、長々と社内向けのメッセージを紹介しました。

新型コロナウイルスのパンデミックで世界中が混乱に陥った後で読めば、当たり前のことを言っていると思われるかも知れませんが、この時はまだ中国で発生した新型肺炎で、日本では海外、特に武漢から帰国した方々の感染が見つかった程度で、まだ市中感染は起きていませんでした。

最終的にダイヤモンド・プリンセス号に乗船していた三七一三人のうち約二〇％に当たる七一二人が新型コロナウイルスに感染していたことが判明するのですが、二月三日時点ではまだ検疫を行おうという状況で、そこまで深刻な状況とは思われていませんでした。その後乗客乗員の感染が明らかになって全員の船内隔離が決まって大騒動になったのは、ご存知の通りです。

では、なぜ私がこれだけ新型コロナウイルスの感染症に関して敏感になり、いち早く全社に注意喚起を促したのでしょうか。

それはサラヤという会社の歴史が、感染症との戦いの歴史と言ってもよいからです。新型コロナウイルスが引き起こす感染症とサラヤの事業とは、密接な関係があるのです。

その話に移る前に、もう少しだけ二〇二〇年の状況についてお付き合いください。

悲願だった関東工場の竣工

サラヤは創業以来、世界の「衛生・環境・健康」の発展に貢献すべく、グローバルなネットワークを構築し、独自の商品やサービスを提供することで事業を発展させてきました。

そのために国内では、大阪工場（大阪府柏原市）で洗剤や食品、伊賀工場（三重県伊賀市）で医薬品、消毒剤を中心に製造しています。熊野食品工場（三重県熊野市）では砂糖は一切使わず、カロリーゼロの自然派甘味料「ラカントS」を使用して、ラカント梅酒「梅野古道」を製造しています。

主力の洗剤や消毒剤の製造は、既存の二工場だけでは限界となりつつありました。そのため供給能力の増強や新商品開発、新事業創設など事業活動マネジメントの強化は大きな課題だったのです。さらに主力の二工場は中部圏・近畿圏にあり、近い将来発生することが予想されている南海トラフ地震のような災害時に操業停止など最悪の事態を避けるため、工場や事業所の分散など事業継続計画（ＢＣＰ）についても長らく検討してきました。

こうした検討を重ねた結果、茨城県北茨城市に国内四カ所目となる新工場を建設することに決めたのが二〇一七年のことです。

サラヤの事業規模で工場を新設するために巨額の設備投資を行うのは大きな決断でした。大阪工場や伊賀工場の製造能力を検証した時に、必然的に会社が直面する課題を解決するために選択した挑戦だったのです。自社での設備投資に加え、工場内の研究所を新設するために茨城県には補助金も出してもらいました。

無事に補助金申請が受理され、いよいよ新工場の建設プロジェクトがスタートしたのは二〇一八年六月のことでした。

関東工場は、東京ドーム約一・二倍の敷地に、三階建ての生産棟、二階建ての管理・研究棟、付属建屋四棟を配置しています。生産棟は、食品や食品添加物、医薬部外品等の多様な製造に対応するため、設備のコンパクト化や作業の集約化・効率化を図りました。

新たに設置した「食と健康研究所」では、主に食品やサプリメント、飲料に関わる新商品開発の研究設備も完備しています。そのほかにも社員が安心して子どもを預けられる保育所や、全長一キロのランニングコース、社員食堂を設置するなど、福利厚生も充実しています。

これだけ充実した工場ですから、生産がタイトな大阪工場や伊賀工場のバックアップや生産の移転だけでは、投資回収は難しいことが予想されました。そこで、従来の石鹸洗剤、食品添加物の製造に加え、一部食品の製造ラインを入れ、生産ラインの合理化に向けて、多くの投資を行うことにしました。新商品・新市場のマーケティングも行い、大阪工場、伊賀工場、海外工場も含めて生産機能を再編成することにしたのです。

もちろん、関東工場で働く社員も必要です。サラヤは大阪に本社を構える企業ですが、東京にも東京サラヤ株式会社があり、営業部門を中心に事業を進めています。

ただ、新設する関東工場は北茨城市にあり、すぐ北側は福島県です。都内の社員が通勤するのは現実的ではありません。新たに社員を募集すると同時に、大阪などで勤務している社員にも関東工場で勤務したい人を募集しました。関東工場には、最終的には約七〇人の社員が就業することを予定していました。

こうした入念な準備を重ね、二〇一九年二月四日に北茨城市と茨城県の関係者、建築関係の方々、エンジニアリングを担当する方々と生産本部を中心とするサラヤの関係者など約五〇人が参加し、地鎮祭を執り行うところまでこぎつけたのです。

当日の天気は晴れ、春一番が吹き荒れ、地鎮祭のために建てたテントをガタガタ揺らしました。神主の先導で祝詞奏上、鍬入れ式、玉ぐし奉奠など滞りなく儀式が進行し、工事の無事と事業の成功を祈願しました。

関東工場の竣工予定日は翌年の二〇二〇年三月四日を予定していました。

その時には、まさか一年後に世界が新型コロナウイルス感染症の影響で大混乱に陥っているなどとは夢にも思いませんでした。

□ 混乱の中での関東工場の船出

二〇二〇年二月は、世界史の中でも大きく記憶される月となるでしょう。

国内では二月頃から少しずつ新型コロナウイルス感染症が広まり始めました。まだ全国で一日当たり数人から十数人程度の陽性者数でしたが、徐々に市中での感染が増えていることを誰もが感じ始めていた時期です。

こうした中、私は二月中旬にシンガポール経由で、オーストラリアに出張に行っていました。オーストラリアの空港では、新型コロナウイルスについて警告するポスターが貼られ、到着時には中国に行った人は必ず申告するようアナウンスが入りました。到着した時の空港よりも出国する時の空港の方がマスクをしている人の数が明らかに増えていて、少し過剰なくらいの体制に入っていました。

シンガポールの空港はもっと物々しい雰囲気で、到着ゲートを出たところには体温を測る赤外線カメラが四台も設置され、飛行機から降りてくる旅客の体温を測定していました。

シンガポールでは一四日以内に中国に滞在していた人は入国禁止でした。体温を測定されて少しでも症状がありそうな人は呼び止められて、耳に体温計を突っ込まれて体温を測られました。検温をする検査官の後ろには警察官が控えていて、検査を避けようとする旅行客に対してにらみを利かせていたのです。

普段ならいつでも満席近いシンガポール航空ですが、この時の出張では機内に空席が目立ちました。

航空便の減便と旅行客の減少で、旅行業界はあっという間に苦境に立たされてしまったのです。

この時、私は世界が一つにつながっているということをさらに実感しました。日々の業務で世界中を飛び回り、海外の人たちと交流して、グローバル化の恩恵を受けていました。けれども、新型コロナウイルス（COVID-19）という直径わずか一〇〇ナノメートルという電子顕微鏡でなければ見ることもできないような小さな小さなウイルスが引き起こす感染症によって、世界中が大混乱に陥ったのです。

私は人類が地球に現れてから、感染症と戦い続けてきた長い歴史を思い返し、今後の人類の発展のためには公衆衛生がいかに重要かを思い知らされました。

そしてまた、私たちサラヤが公衆衛生の分野で果たしている役割の重さに身震いする思いでした。

海外出張から帰国してからも、新型コロナウイルス感染症への対応に忙殺されました。国内でも徐々に感染者が増え始め、人から人への感染や集団での感染（クラスター）があちこちで発生し、ニュースも日増しに緊迫感を増していました。

念願だった関東工場は当初の予定では三月四日に竣工式を執り行うことにしていました。けれども新型コロナウイルス感染症の影響で、手洗い石鹸、食品添加物のアルコール製剤や除菌スプレーの需要が急増していたため、操業にあたっての各種許可が出そろったことを受けて、一週間ほどですが急きょ前倒し稼働をを決断しました。

もちろん生産するだけでは意味がありません。生産計画を立てて、サプライチェーンの中でどう流通を確保するのか、生産部門と管理部門、営業部門が全社一丸となって、この

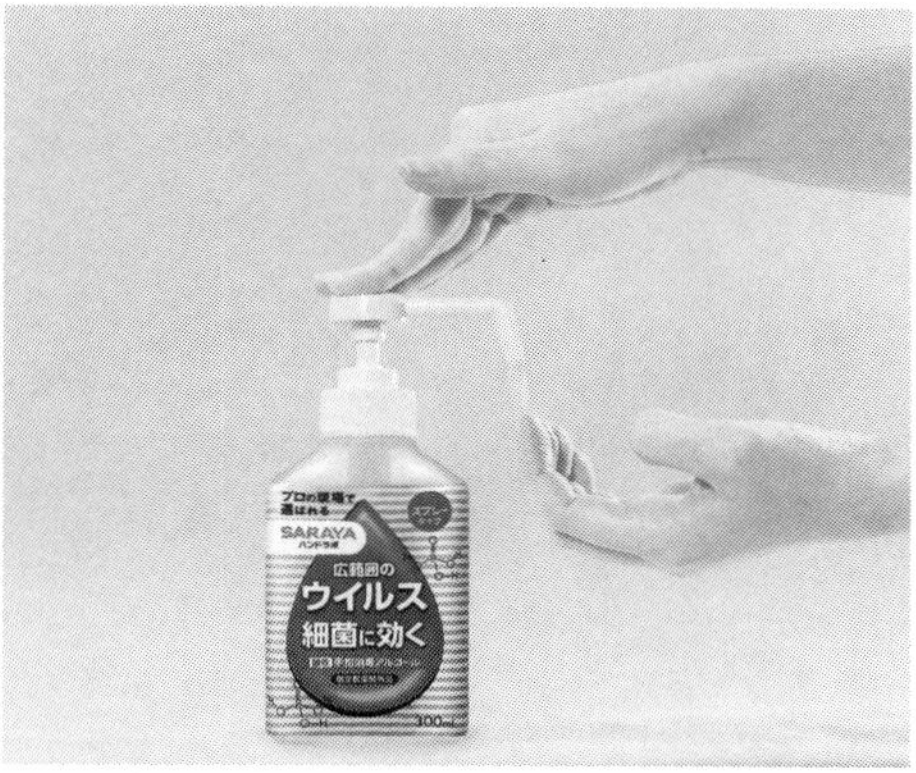

手指消毒剤の「ハンドラボ」シリーズは新型コロナウイルス対策に活躍した

難局に立ち向かうことにしたのです。

三重県の伊賀工場では、医薬品や医薬部外品のアルコール手指消毒剤を作っています。急増する注文に応えるために、工場を三シフト制で二四時間稼働することにしたのですが、社員やパートのスタッフが足りず、現状の仕事を延期してでも生産活動に参加できる社員、アルバイト、派遣スタッフを募集し、特別手当も用意しました。

そして、二月二七日、当時の安倍晋三首相の下で開催された新型コロナウイルス感染症対策本部の会合での議論を踏まえ、「子どもたちの健康・安全を第一に考え、多くの子どもたちや教職員が、日常的に長時間集まることによる感染リスクにあらかじめ備える観点から、全国全ての小学校、中学校、高等学校、特別支援学校について、来週三月二日から春休みまで、臨時休業を行うよう要請」が発出されたのです。突然の全国一斉の休校要請で大混乱が起きたのは言うまでもありません。

そんな日本中が大混乱する中で、前倒し稼働していた関東工場の竣工式を無事執り行えたのは、本当にありがたいことでした。当日は感染防止のため、工事関係者とサラヤの関係者の約三〇人で執り行うという寂しい式になってしまいましたが、取引関係からは山のようにお祝いのお花をいただき、感謝の気持ちでいっぱいです。

関東工場の概要は次のようなものです。

敷地面積：約五万七〇〇〇平方メートル（東京ドームの約一・二倍）
建築面積：約八八〇〇平方メートル
延床面積：約一万四〇〇〇平方メートル
建物概要：鉄骨造三階建（生産棟）、鉄骨造二階建（管理・研究棟）、ほか付属四棟
構成施設：関東工場、食と健康研究所
主要生産品：食品、食品添加物、化粧品、医薬部外品、一般雑貨品洗浄剤等

関東工場の外観

新型コロナ感染症など緊急時には、伊賀工場とともに二四時間稼働の増産体制を取れるようにし、お客様へ手洗い石鹸・アルコール製剤などの商品を安定してお届けできる体制を作ることができたのです。

それからの数カ月は、まさに戦場のような忙しさでした。日々状況が変化し、その場その場で判断をしていかなければいけない状況が続いたのです。

新型コロナ対策でサラヤは、①手指消毒用アルコール製剤、②手洗い石鹸液、③環境清拭用アルコール製剤、④環境清拭用ワイパー、⑤手袋、⑥マスク、⑦その他ガウンなど、感染に関連する商材を一般消費者、公衆衛生、福祉、医療などのマーケットに提供しています。

需要が一気に増えたことで供給責任を果たす

のは大変でしたが、感染拡大防止には重要な商材でしたので、全社一丸となって懸命に取り組みました。

感染者は一向に減らず、安倍首相は二〇二〇年四月七日に東京、神奈川、埼玉、千葉、大阪、兵庫、福岡の七都府県に緊急事態宣言を発出し、四月一六日には対象を全国に拡大しました。

社員の安全を守るための感染対策と並行して、増産に次ぐ増産という先の見えない怒涛のような日々が少しだけ緩んだのは、初夏のような暖かさを感じるようになったゴールデンウィーク明けの頃でした。

五月一一日に出した社長メッセージでは、次のような文章を送りました。

「コロナの収束とポストコロナに向けて！」

風さわやかな季節になりました。しかし外出制限で、なかなか季節を楽しむことはできません。今は先の見えない暗いトンネルの中を通過している感じですが、出口のないトンネルはありません。トンネルの先に明るい未来が待っていることを信じて、今を精一杯頑張りましょう。

コロナの状況と対応

ゴールデンウイークが過ぎて、少し社会の雰囲気が変わってきたように思います。コロナの状況は厳しいものの、少しずつ先が見えてきました。新しい感染者が各地で減ってきている中で、緊急事態宣言の解除が待たれます。全国の状況は一様ではないので、経済再生に向かっては、各地が独自の対応を進めながら、徐々に緩和が進んでいきそうです。

既に飲食関係やホテルなどを中心に倒産が出始めており、当社も既に不渡りの影響を被ったり、支払い猶予を要望されたりしています。学生もアルバイトができず学業を諦める人もいます。今後の経済状況が大いに気になるところです。しかし、出口のないトンネルはないので、出口に向かって、希望を持って対応したいと思います。

コロナについては、収まりつつあるといっても、第二波が襲った北海道やシンガポールの例もあるので、警戒心を緩めず、しかし徐々に行動範囲を緩め、社会の構成メンバーのそれぞれが協力し合いながら、経済的な再生を図りたいと思います。

当社は、感染予防のためのアルコール手指消毒剤、手洗い石鹸、マスク、手袋などに関して、社会的な需要をいち早く察知し、市場に対する供給責任を、精一杯果たしてきました。社員の皆さん、大変ご苦労様です。コロナ終息に向け、またポストコロナに向けて、さらに役割を果たしていきましょう。

市場が徐々に通常に戻るにつれて、需要予測が難しくなり、それぞれふくらんでいる供給量が収縮していく中でメーカー同士の競争も激化すると思います。二〇〇九年インフルエンザの時は多くの不良在庫を抱え、大変苦労しました。市場の動勢を見ながら、臨機応変かつ柔軟に対処しましょう。

ことにSCMや生産各本部においてはこの段階では需要予測が難しいので、市場動向を見ながら通常モードに収束していく道を上手に探っていきたいと思います。

関東工場は三月四日の竣工以来、ラインのちょこっと停止、水管理やスタッフの不慣れなどの問題もあり、なかなか想定の能力が出ていなかったのですが、徐々に運転効率が上がり、いよいよ能力を発揮し始めました。このコロナの時期に間に合い、各工場とともに役に立っていることをありがたく、また誇りに思います。

営業面においては、二－三月は手指消毒剤やマスクがなく、大変ご迷惑をおかけしましたが、徐々に供給が追い付いてきました。更に、これから五月末から六月にかけて、市場に対してしっかりと商品がお届けできるよう頑張りたいと思います。

――――後略――――

以上

新型コロナとの戦いは二〇二二年に入っても続いています。デルタ株による感染拡大から、変異したオミクロン株の登場など、まだまだ予断を許しません。

関東工場の稼働はサラヤにとって、生産増強を図るための念願でした。今後も新型コロナウイルスやそのほかにも起こりうる感染症との戦いのためにも、設備投資を続けていくことは重要です。

今回の新型コロナウイルス感染症拡大の影響によりサプライチェーンの脆弱性が顕在化したことから、日本政府は、生産拠点の集中度が高い製品・部素材、または国民が健康な生活を営む上で重要な製品・部素材に関し、国内の生産拠点等の整備を進めることにしました。製品・部素材の円滑な供給を確保するため、経済産業省が「サプライチェーン対策のための国内投資促進事業費補助金」事業を開始しました。

サラヤは、医療機関等での使用を想定した速乾性手指消毒剤などの医薬品を三重県の伊賀工場で製造していますが、供給能力の増強や事業活動マネジメント強化、災害などに対応した事業継続を目的に、経済産業省の補助金の事業採択を受けて、関東工場内に医薬品製造工場を新設することにしました。操業開始は二〇二三年三月を予定しています。

国からの補助に加えて茨城県は、事業採択対象企業のうち先進性・必要性の高い事業に対して、県独自の上乗せ補助を行う「本社機能移転強化促進補助金（国内投資促進強化プロジェクト）」制度を創設しました。医薬品製造工場の立地計画申請を行い、県から本制度の第一号認定を受けることができました。補助金は約五億円を見込んでいます。

新工場の新設には約五二億円を投資します。サラヤの売上高は新型コロナ感染症対策で販売が大きく伸び、国内売上は二〇一九年の五〇二億円から、二〇二〇年には七五九億円と五割以上も増えました。

けれども関東工場を立ち上げたばかりなのに、年間国内売上の七％近い設備投資を行うのは、当社の規模の企業にとって財務的に大変です。それだけに茨城県から設備投資の補助をしていただけることはとてもありがたいことです。

二〇二一年七月六日に茨城県から補助金認定式を行っていただいたのに合わせて、「医療用資材の優先供給に関する連携協定」を締結しました。協定締結により、緊急時には医療用消毒剤など防疫に必要な茨城県内の医療機関一カ月分の資材を優先的に供給していきます。

認定式には茨城県の大井川和彦知事から認定書が手渡されました。また、二〇二〇年のコロナ対応で、茨城県に貢献したということで紺綬褒章を授与していただきました。

私は北茨城市内の関東工場が稼働を開始

サラヤの売上高の推移（国内）

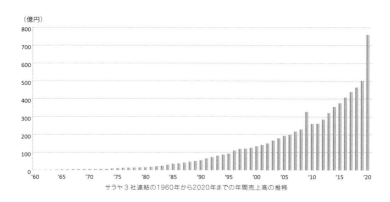

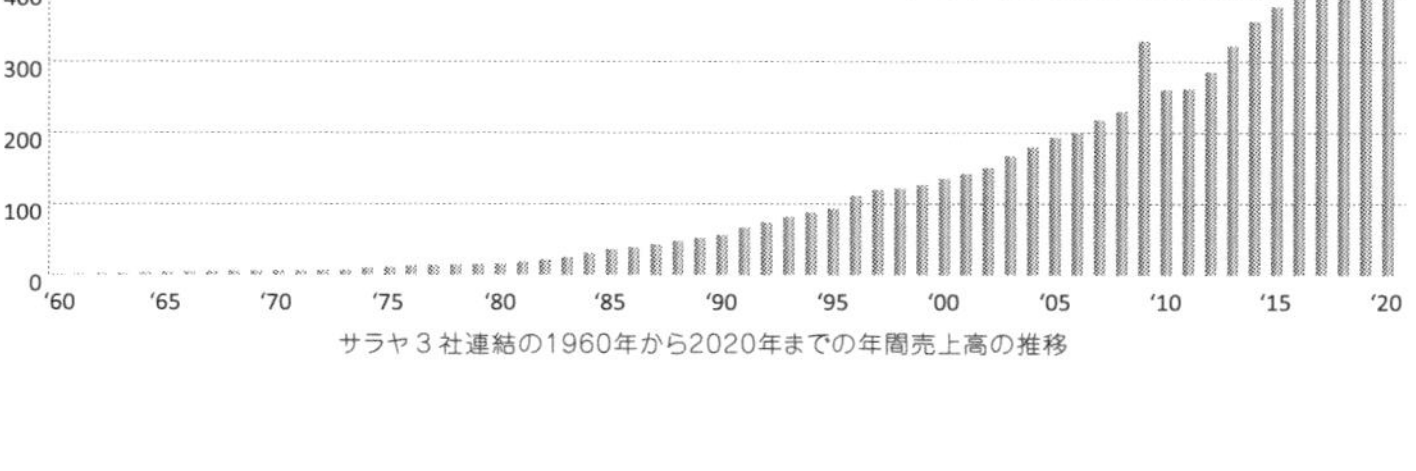

サラヤ３社連結の1960年から2020年までの年間売上高の推移

して、コロナ禍でも全国に医療資材を提供することができたことを報告したうえで、「パンデミックはいつどこで起こるかわかりません。いざという時に対応するためにも第二期工場を建設することを決定しました」と説明しました。今回の工場新設で首都圏から全国まで、必要なところに資材を提供していける体制が整います。

茨城県とはしっかり手を組んで、感染症との戦いを進めていきたいと決意を新たにしたところです。

サラヤが、新型コロナウイルス感染症にどう立ち向かい、コロナ禍にあってどのような対応してきたか、その一端をご紹介しました。

サラヤの事業目的は、世界の「衛生・環境・健康」の向上に貢献することです。いま地球の持続可能性が問われている中で、多くの国々がその対応に取り組み始めていますが、まさに時間との勝負という状況です。種々の取り組みには協力と連携、そして何よりもスピードが不可欠です。

サラヤは国連の「持続可能な開発目標」（ＳＤＧｓ）への取り組みを切り口にして、持続可能性に挑戦する様々な事業を推進しています。新型コロナウイルスによる感染症対策は、ＳＤＧｓの目標（ゴール）三「すべての人に健康と福祉を」に資するものです。

ＳＤＧｓは一つの国が単独で取り組むものではなく、「目標とターゲットが全ての国、全ての人々、及び全ての部分で満たされるよう、誰一人取り残さない（leave no one behind）」ことを理念にしています。

世界の「衛生・環境・健康」の向上に貢献する企業として何ができるのか、そして今まで何に取り組み、どこを目指しているのか、次章からは地球環境課題・社会課題への対応を経営方針の重要事項の一つに位置付けたサラヤの取り組みをご紹介しましょう。

SDGsの取り組みがビジネスのカギになる

皆さんはＳＤＧｓという言葉を聞いたことがあるでしょうか。サラヤはＳＤＧｓを事業目的の中心に掲げ、ビジネスを通じて問題の解決（ソリューション）につながるよう、精一杯の努力をしています。

ＳＤＧｓは「持続可能な開発目標」（Sustainable Development Goals）の略称です。二〇一五年九月二五日の国連総会で採択された「持続可能な開発のための二〇三〇アジェンダ」（Transforming our world: the 2030 Agenda for Sustainable Development）に記述された二〇三〇年までの持続可能な世界をつくるための目標（ゴール）で、その理念として「誰一人取り残さない」ことを誓っています。

現在と二〇三〇年の在るべき姿との間にあるギャップを埋めるために一七の目標と一六九のターゲット、二三二の指標を設定したのがＳＤＧｓです。

実はＳＤＧｓには前身があります。二一世紀を目前に控えた二〇〇〇年九月に米国ニューヨークで開催された国連ミレニアム・サミットで採択された国連ミレニアム宣言と、一九九〇年代に開催された主要な国際会議やサミットで採択された国際開発目標を統合した「ミレニアム開発目標」と呼ばれるＭＤＧｓ（Millennium Development Goals）です。ＭＤＧｓは八つの目標と、二一のターゲットから構成されていて、当時全ての国連加盟国一九三カ国と二三の国際機関が、二〇一五年までにこれらの目標を達成することを合意したのです。

国や政府機関、非政府組織（NGO）などが目標達成に取り組みました。その成果を二〇一五年七月六日、当時の潘基文（パン・ギムン）国連事務総長は「MDGs報告二〇一五」として発表しました。MDGsの達成状況は、この最終報告書で確認することができます。

それによると世界中の国々が一五年かけて取り組んだMDGsの八つの目標の一部は達成できています。

例えば目標一「極度の貧困と飢餓の撲滅」のうち、「一日一・二五米ドル未満で生活する人口の割合を半減させる」というターゲットは、「極度の貧困で暮らす人の数は、一九億人（一九九〇年）から八億三六〇〇万人（二〇一五年）と、半数以下に減少」して達成できました。「飢餓に苦しむ人口の割合を半減させる」というターゲットは、「五歳未満児のうち低体重の子どもの割合は、一九九〇年から二〇一五年の間にほぼ半減」して達成しています。

パン・ギムン事務総長は、「極度の貧困をあと一世代でこの世からなくせるところまで来た」「MDGsは歴史上最も成功した貧困撲滅運動になった」と成果を強調しました。

貧困が一五年という短期間で半減した背景には、極度の貧困人口を多く抱えていた中国やインドが急速な経済発展を遂げた影響が大きいとされています。人口が世界で最も多い両国の経済成長は、世界の貧困解消に大きく役立ったというわけです。

ただし、目標達成にもかかわらず、現在でも、アフリカ大陸でサハラ砂漠より南の地域であるサブサハラ・アフリカ地域を見ると、依然として人口の四一％が極度の貧困状態にあることを忘れてはいけません。

ほかにも健康に関する目標六「ＨＩＶ／エイズ、マラリアその他の疾病の蔓延防止」は、「二〇〇〇〜二〇一五年の間に推定六二〇〇万人以上の命がマラリアから、二〇〇〇〜二〇一三年の間に推定三七〇〇万人の命が結核から守られた」としています。

こうした成果の一方で、目標四「乳幼児死亡率の削減」は、「五歳未満児年間死亡数は一二七〇万人（一九九〇年）から五九〇万人（二〇一五年）に五三％減少」して大幅に改善しましたが、ターゲットに置いた「二〇一五年までに五歳未満児の死亡率（乳幼児死亡率）を三分の二減少させる」ことはできませんでした。

女性の地位についても就職率や政治参加で男性との間に大きな格差が残っています。

また、環境問題に関しては、二酸化炭素の排出量が一九九〇年との比較で五〇％以上増加しており、気候変動が開発の大きな脅威となっていることを最終報告では指摘しています。

	MDGs「ミレニアム開発目標」	SDGs「持続可能な開発目標」
目標年	2015年	2030年
目標	1. 極度の貧困と飢餓の撲滅(Eradicate extreme poverty and hunger)	1. 貧困をなくそう (No Poverty) 「あらゆる場所のあらゆる形態の貧困を終わらせる」
		2. 飢餓をゼロに (Zero Hunger) 「飢餓を終わらせ、食料安全保障及び栄養改善を実現し、持続可能な農業を促進する」
	4. 幼児死亡率の削減(educe child mortality) 5. 妊産婦の健康の改善(Improve maternal health) 6. HIV／エイズ、マラリアその他疾病の蔓延防止(Combat HIV/AIDS, malaria and other diseases)	3. すべての人に健康と福祉を (Good Health and Well-Being) 「あらゆる年齢のすべての人々の健康的な生活を確保し、福祉を促進する」
	2. 普遍的な初等教育の達成(Achieve universal primary education)	4. 質の高い教育をみんなに (Quality Education) 「すべての人々へ包摂的かつ公正な質の高い教育を提供し、生涯学習の機会を促進する」
	3. ジェンダーの平等の推進と女性の地位向上(Promote gender equality and empower women)	5. ジェンダー平等を実現しよう (Gender Equality) 「ジェンダー平等を達成し、すべての女性及び女児の能力強化を行う」
		6. 安全な水とトイレを世界中に (Clean Water and Sanitation) 「すべての人々の水と衛生の利用可能性と持続可能な管理を確保する」
		7. エネルギーをみんなに、そしてクリーンに (Affordable and Clean Energy) 「すべての人々の、安価かつ信頼できる持続可能な近代的エネルギーへのアクセスを確保する」
		8. 働きがいも経済成長も (Decent Work and Economic Growth) 「包摂的かつ持続可能な経済成長及びすべての人々の完全かつ生産的な雇用と働きがいのある人間らしい雇用を促進する」
		9. 産業と技術革新の基礎をつくろう (Industry, Innovation and Infrastructure) 「強靭なインフラ構築、包摂的かつ持続可能な産業化の促進及び技術革新の推進を図る」
		10. 人や国の不平等をなくそう (Reduced Inequalities) 「各国内及び各国間の不平等を是正する」
		11. 住み続けられるまちづくりを (Sustainable Cities and Communities) 「包摂的で安全かつ強靭で持続可能な都市及び人間居住を実現する」
	7. 環境の持続可能性の確保(Ensure environmental sustainability)	12. つくる責任　つかう責任 (Responsible Consumption and Production) 「持続可能な生産消費形態を確保する」
		13. 気候変動に具体的な対策を (Climate Action) 「気候変動及びその影響を軽減するための緊急対策を講じる」
		14. 海の豊かさを守ろう (Life Below Water) 「持続可能な開発のために海洋・海洋資源を保全し、持続可能な形で利用する」
		15. 陸の豊かさも守ろう (Life on Land) 「陸域生態系の保護、回復、持続可能な利用の推進、持続可能な森林の経営、砂漠化への対処、ならびに土地の劣化の阻止・回復及び生物多様性の損失を阻止する」
		16. 平和と公正をすべての人に (Peace, Justice and Strong Institutions) 「持続可能な開発のための平和で包摂的な社会を促進し、すべての人々に司法へのアクセスを提供し、あらゆるレベルにおいて効果的で説明責任のある包摂的な制度を構築する」
	8. 開発のためのグローバル・パートナーシップの推進(Develop a global partnership for development)	17. パートナーシップで目標を達成しよう (Partnership) 「持続可能な開発のための実施手段を強化し、グローバル・パートナーシップを活性化する」

国や地域ごとでも達成状況には格差が見られ、深刻な格差の問題と最貧困層や脆弱な人々が依然置き去りになっている状況も指摘されています。

こうして一五年の年月をかけて取り組まれた八つの目標は、形を変えてＳＤＧｓに引き継がれているのです。

ＳＤＧｓについては今やテレビや新聞、雑誌など様々なメディアが取り上げたり、学校の授業の中でも教えたりするようになり、詳しくは知らないまでもほとんどの人が「ＳＤＧｓ」という言葉を聞いたことがあるはずです。ところが、ＭＤＧｓについては知らなかったとか、聞いたことがないという人もいるのではないでしょうか。

同じような目標を掲げていたにもかかわらず、ＳＤＧｓとＭＤＧｓでこれほど大きく認知度が異なるのはなぜなのでしょう。そこには、ＭＤＧｓとＳＤＧｓの考え方の違いがあります。

ＭＤＧｓでは、目標に取り組む主体は国連など国際機関や各国政府、非政府組織（ＮＧＯ）としていましたが、ＳＤＧｓは国や自治体だけでなく、民間企業や個人一人ひとりが取り組むべき目標としたのです。

また、ＭＤＧｓでは貧困や飢餓など主に発展途上国の課題解決を目的としていたのに対して、ＳＤＧｓは発展途上国だけでなく先進国の課題も解決することを目的としました。

世界中の一人ひとりがSDGsの目標達成に取り組む担い手と位置付けられたことで、政府や国連任せではなく自分ごととして考えるようになったのです。さらに大きかったのは、企業と民間の投資家がSDGsの目標達成の担い手であると位置付けられたことにあります。企業活動を通じて開発を行う経済界が主役として課題を解決していく必要があると認識されたことで、SDGsは大きなうねりになったのです。

SDGsに対する思い

SDGsが国連総会で採択されて二年ほど経った二〇一七年になると、少しずつサラヤのSDGsへの取り組みについて問い合わせが入るようになりました。私のSDGsに対する思いを社員に理解してもらうために「社長メッセージ」で触れましたので、紹介しておきましょう。

「君はSDGsを知っているか？」

二〇一七年一二月一八日

――前略――

このごろサラヤのSDGsの取り組みについて、いろいろなところから質問を受けます。企業や社会において、持続可能な取り組みが、二一世紀の仕事の大きな指標になるよう、社員各位の理解と対応をよろしくお願いします。

（1）SDGsとは、何ですか？

SDGsは、世界の首脳が集まって合意した国連の開発目標です。二年前の二〇一五年九月二五日から二七日にかけて、全ての国連加盟国（一九三カ国）が、世界のより良い将来を実現するために、今後一五年かけて極度の貧困、不平等・不正義をなくし、私たちの地球を守るための計画「我々の世界を変革する：持続可能な開発のための二〇三〇アジェンダ」を採択しました。この目標が「持続可能な開発目標（Sustainable Development Goals：SDGs）」です。

では、その持続可能な開発のための二〇三〇アジェンダとは何でしょう？
SDGsの理念を英語では次のように表明しました。

We are determined to take the bold and transformative steps which are urgently needed to shift the world on to a sustainable and resilient path. As we embark on this collective journey, we pledge that **no one will be left behind.**

「我々は、世界を持続的かつ強靱（レジリエント）な道筋に移行させるために緊急に必要な、大胆かつ変革的な手段をとることを決意している。我々はこの共同の旅路に乗り出すにあたり、**誰一人取り残さないことを誓う**」。これを実現するために一七分野の具体的目標を挙げました。

これを見てもどうもピンとこない社員の皆さんも多いと思います。しかし近年地球の温暖化が進み、世界各地で異常気象や大洪水が増えたとか、資源の取り合いで貧富の格差が広がったとか、ＰＭ二・五が中国から降ってくるとか、エネルギー問題と原発をどうするのかとか、大好きなマグロが食べられなくなるとか、抗生物質の使い過ぎで耐性菌ができたりするとか、ゾウやオランウータンなど身近な動物がいなくなったりするなど、持続可能な環境を身近な問題に置き換えると、世界がどんどん変化していることがわかります。世界中で誰もが限られた資源を大量に使い続ければ、やがて資源は枯渇します。現代の状況を見れば、子どもたちや孫たちの世代まで、世界の資源や環境が安定して、世の中が安心・安全でいられるか大いに不安になります。

エコロジカルフットプリントという言葉があります。人間が生きていくために、どれだけの面積が必要かという指標です。これによれば、世界の七〇億人の人々が、米国や日本と同じように、市民が享受している豊かさを目指せば、地球が五個も六個も必要になることになります。地球は一個しかないので、豊かな社会や資源を巡って争いが起こるでしょう。商品やサービスなど、ビジネスや個々の生活は、すべて地球環境から生み出される自然資本に依存しています。ビジネスは、地球環境からいろいろな資源を取り出して、それを加工して商品を作り、販売していますが、将来にわたって資源を持続可能に使えるかが問われています。地球環境から得られる自然の豊かさは、それぞれの人生に間接的、直接的に欠くことのできない恵みです。この持続性がいま危うくなってきています。今までのやり方を修正せずに今後の人類社会が継続できるかは疑問です。

しかし、企業が地球や周りの環境や自然の維持をどう考えているかと考えれば、残念ながら、まず事業活動ありきの行動が目立ちます。米国のエネルギー産業は、地球温暖化は学者のでっちあげだと非難して、ますます石油やガスの増産に拍車をかけています。多くの企業は当然ながら、まずそれぞれが生産する、この商品を売りたい、あの商品を売りたいと、売り上げと利益を伸ばすために活動をします。もし利益が上がらなければ、存続不可能とばかりコストカットをし、時には人員解雇も辞さず、無理を承知で、それぞれの発展に突き進んでいます。また個人ももっと贅沢をしたい、大きな家に住みたい、美味しい物を食べたい、楽しいことをしたいなど欲望はふくらみ、欲求を満たすために給与や報酬のアップを望みます。企業は売り上げを増やすため、広告やマーケティングで消費者を刺激し、商品を売ろうとします。こうした資本主義のサイクルはグローバルに拡大し、ますます加速しています。

資本主義的な経済活動により世の中が進歩したことは間違いなく、社会は便利になって住みやすくなりました。しかし、いまや七〇億人を超える人々を、企業や個人の欲望のままに養うことは、地球の収容能力を大きく超えています。このまま崖に向かって進んでいけば明らかに破滅が待ち構えているのに、「ハーメルンの笛吹き男」のネズミの行進のように、だれもそれを止めることはできません。持続可能な範囲で地球の資源を活用し、未来に向けて社会が安定的に発展することが、いま求められています。

個々の企業や個人の欲望や充足を原点にした従来のビジネスの発想から一八〇度ベクトルを変えて、持続可能な地球というあるべき姿を想定し、それを原点にしてビジネスの姿を変えていくといった転換が求められているように思います。持続可能な地球を原点にして、そのために何が重要で、それぞれが何をするかといったベクトルです。そして、このベクトルの方向転換を実現させるべく、たとえそれぞれが小さくても変化を作りだしていくことが重要です。そのような時代背景の中で、国連でＳＤＧｓという目標が出たことは、グローバル社会のあるべき方向の旗頭が明らかになったのではないでしょうか。サラヤでは、今まで以上にこの方向に合わせて、たとえ少しずつでもビジネスを通して実践し、世の中を変化させていくよう活動を進めます。

——後略——

以上

□ 地球の環境が大きく変わりつつある

企業が、国連が決めたＳＤＧｓの一七の目標にビジネスの中で取り組むのは、ある意味で「きれいごと」です。「きれいごと」の目標に世界中の企業や人々が本気で取り組もうとしているのは、驚くべきことであると同時に素晴らしいことです。

ただ、「きれいごと」だとばかり言ってはいられない状況が目前に迫っていることも、SDGsがこれだけ注目を集めている事情なのではないでしょうか。

SDGsが掲げる一七の目標は「環境」や「人権」「健康」「ジェンダー」など、現代社会が抱える様々な課題の解決を目指しています。

特に「環境」はいますぐ取り組まなければならない課題と世界中が受け止めているのだと思います。二一世紀に入って以降、地球環境に対する危機感が年を追うごとに高まってきていることが、SDGsに本気で取り組まなければいけないという意識につながっているのではないでしょうか。

世界では、地球温暖化による異常気象の多発、資源の枯渇、生物多様性の減少、プラスチックごみによる海洋汚染、定期的に起こる感染症のパンデミック、世界人口の急増による食糧や水問題、貧富の格差など、地球と人類の持続可能性に警鐘が鳴り続けています。

地球温暖化に起因する気候変動はほかの多くの問題とも複雑に絡み合い、人類の存続にも関わる喫緊の課題となりつつあります。

二一世紀に入って、気候変動による自然災害が世界中で相次いでいます。

二〇〇五年八月末に米国を襲った大型ハリケーン「カトリーナ」は、南部のルイジアナ州ニューオーリンズ市に壊滅的な被害をもたらしました。メキシコ湾に面し、ミシシッピ川の河口に位置するニューオーリンズは、もともと海抜の低い低湿地を開発した街です。そこに大型ハリケーンに発達したカトリーナが直撃し、街の陸上面積の八割が水没し、一〇〇〇人以上が亡くなりました。アフリカ系アメリカ人が多く住む地区や、高級住宅街なども壊滅的な被害を受けました。

米国のジャズ発祥の地であり、世界的にも有名なカーニバル「マルディグラ」が開催され、陽気に飲み歌って騒ぐ街として、多くの観光客を惹きつけてきたニューオーリンズのあまりにも無惨な姿に、世界中が息をのんだのです。

「カトリーナ」が地球温暖化を直接の原因として引き起こされたのかどうかについては議論があるでしょう。大型ハリケーンの進路にたまたま運悪く海抜の低いニューオーリンズがあっただけだと主張する人もいます。確かに二〇〇五年は、大西洋地域におけるハリケーン（または熱帯低気圧）の活動が活発な年で、それまでの最多記録であった発生数二一個（一九三三年）を大幅に更新する二七個のハリケーンが発生しました（米国立ハリケーンセンターの集計）。

ちなみに北大西洋で発生するハリケーンの名前は、アルファベット順に二一種類（Q、

U、X、Y、Zの五文字は使わない）の頭文字の人名リストが使われ、Aから順に命名されます。英語で使われるアルファベットは二六文字なので、使わない五文字を除くと、二一個の人名リストがあることになります。二一個を上回る数のハリケーンが発生して人名リストを使い果たすと、α（アルファ）、β（ベータ）、γ（ガンマ）などギリシャ文字を順に続けていくのですが、二〇〇五年はハリケーン発生数が初めて二一個を超えたため、史上初めてギリシャ文字のハリケーン「アルファ」が登場し、最終的には六番目のギリシャ文字である「ζ（ゼータ）」まで使用される異例の記録が生まれたほどです。

日本でも真夏の最高気温が三五度を超える「猛暑日」が増えていますが、本来は夏が過ごしやすいヨーロッパ諸国でも熱波による猛暑の影響で、日本以上に大きな被害を受けています。近年で大きな被害を出したのは二〇〇三年七月から八月にかけて西ヨーロッパ地域の大半が影響を受けた熱波です。世界気象機関（WMO）によると一五四〇年以来の記録的な暑さとなり、多くの国で最高気温四〇度以上を観測しました。特に被害が大きかったフランスでは地域によっては四〇度を超える日が一週間以上続いたところもあったほどです。世界保健機関（WHO）によると、熱波による死者は高齢者を中心に欧州全体では約七万人とも推計されています。

米国では、カリフォルニア州など西海岸で、毎年のように大規模な山火事が発生しています。もともとカリフォルニアは春から秋にかけて晴天の日が続いて乾燥し、気温も高くなるため山火事が発生しやすい地域です。そのため落雷などにより自然発火して山林が消失することも多いのですが、二〇〇〇年以降、州各地で大規模な山火事が発生し、甚大な被害をもたらしています。夏が湿潤で降水量も多い日本では想像しにくいのですが、米国西海岸の山火事は小さな町全体を焼き尽くし、数万人規模の避難命令が出ることもあります。

カリフォルニア州北部のサンフランシスコ郊外にあるナパやソノマは米国の中でも有数のワインの産地で、数多くの有名ワイナリーが連なる「ワインカントリー」として知られ、世界中から多くの人が訪れる観光名所です。このワインカントリーを二〇一七年に大規模な山火事が襲い、住宅や商店、一部のワイナリーなどが消失する大規模災害となり、史上最悪の山火事として州知事が非常事態宣言を発出しました。この山火事で日本の東京二三区以上の面積に当たる九万ヘクタールが消失したということですので、災害の規模は想像を絶しています。それ以降も二〇二〇年にもこの地域で大規模な山火事が発生し、再び甚大な被害を出しています。

二〇一七年の災難は、それだけでは終わりませんでした。カリフォルニア州ロサンゼルス郊外にあるサンタバーバラ郡は高級住宅が建ち並ぶ地域です。一一月下旬の感謝祭（サンクスギビングデー）が終わり、誰もがクリスマスを待ち望んでいた一二月四日に、この地域で「トーマス」と命名されることになる山火事が発生しました。通常、カリフォルニアは冬になると雨季に入り、山火事は終息していくのですが、折りからの乾燥した強い風にあおられ、同時多発的に山火事が発生し、最終的に鎮火したのは年明けの二〇一八年一月十二日でした。焼失した面積は東京二三区の約一・七倍に当たる一一万ヘクタールに達し、周辺住民二〇万人以上が避難を余儀なくされ、建造物一〇〇〇軒以上が破壊されて被害額は一億ドルを超えたといいます。

カリフォルニア州のジェリー・ブラウン知事は「大規模な山火事がカルフォニア州の『新しい日常』になり、毎年あるいは数年おきに起きるようになるだろう。温暖化によってカルフォニア州は文字通り焼き尽くされている」と発言したそうです。

こうした自然災害をすべて地球温暖化が原因と片付けることはできないかもしれません。けれども地球の平均気温が上昇し続け、気候変動による自然災害が激甚化していることは、科学的な事実なのです。

一九八八年に国連環境計画（ＵＮＥＰ）と世界気象機関（ＷＭＯ）により設立されたＩＰＣＣ（国連気候変動に関する政府間パネル）は、気候変化の影響、適応と緩和方策に関して科学的、技術的、社会経済学的な見地から包括的な評価を行っています。

各国政府を通じて推薦された科学者などの専門家が五～七年ごとに気候変動に関する研究から得られた知見を評価し、評価報告書として取りまとめていて、気候変動対策の国際交渉において「科学的根拠を与える重要な文書」と位置付けられています。二〇二一年八月九日に公表された「第六次報告書」は六六カ国、二三四人の執筆者が気候変動の自然科学的根拠に関する最新の知見をまとめました。

報告書では、気候の現状について「人間の活動の影響によって大気、海洋、陸地が温暖化していることは疑う余地がない」と断言しました。その根拠として、二〇一一年から二〇二〇年の一〇年間で、世界の地表温度は一八五〇年から一九〇〇年の間に比べて一・〇九度上昇していて、人間活動に起因する温度上昇はそのうちの一・〇七度と評価したのです。

□気候非常事態ネットワーク立ち上げ

地球温暖化は深刻な状態です。温室効果ガスは一九九〇年と比較して五〇％も増え、今も増加し続けています。世界の平均気温が上昇することで、気候変動による自然災害は日本でも増えていくことは間違いありません。台風は大型化し、海面上昇による洪水や干ば

気候非常事態ネットワーク（CEN）のメンバーと

つ、生態系への破壊など予測されているだけでも様々な悪影響が出るでしょう。地球温暖化がこのまま進めば、気候変動による様々な自然災害で今後五〇年間に世界中で数一〇億人が環境難民になってしまうともいわれています。

その被害を防ぐため、SDGsの目標一三「気候変動に具体的な対策を」に一人ひとりが取り組み、地球温暖化に立ち向かっていかなければいけません。

気候変動の非常事態に対する懸念がますます高まる中、温室効果ガスの排出を実質ゼロにする「カーボンニュートラル」社会への転換を支援するため、「気候非常事態宣言とカーボンニュートラル社会づくり支援ネットワーク」（気候非常事態ネットワーク：CEN）を立ち上げることが、東京大学の山本良一名誉教授から提案されました。

山本先生の専門は材料科学で、持続可能製品開発論やエコデザイン学を研究していて、私が副理事長を務めているNPO法人エコデザインネットワークの顧問に就いていただいています。地球環境の問題は技術的なイノベーションによる解決が必要というイメージがありますが、これを広い意味でのデザイン的な視点から取り組もうという活動です。豊かで快適な人間的な生活とはどのようなものかを探ることで、環境共存型の社会をデザインしていく方法を研究しています。

こうしたお付き合いをしている中で、山本先生からCENの立ち上げについて相談を受けました。CENの立ち上げにあたって、山本先生が設立発起人委員会の委員長に就き、私と枝廣淳子さんが副委員長を拝命しました。枝廣さんは環境ジャーナリストとして知られた方で、多くの著書や翻訳などを手がけています。地球温暖化問題に警鐘を鳴らした元米国副大統領アル・ゴア氏の『不都合な真実』を翻訳したことでも知られています。

CENは二〇二〇年一一月一八日に開催した設立総会で承認され、正式に発足しました。私が理事長を務めているNPO法人ゼリ・ジャパンがCENの事務局を担当し、気候変動という非常事態に対する危機感を様々な企業や自治体、大学、団体、個人などと共有し、連携してカーボンニュートラル社会を実現するために取り組んでいきます。

□ 気候変動と生物多様性の取り組みの源流

こうした地球温暖化などの環境問題は、つい最近二一世紀に入ってから注目されたように感じがちですが、実はずいぶん前から警告されてきたことです。

二〇世紀にタイプライターのメーカーとして有名だったイタリアのオリベッティ社の副会長のアウレリオ・ペッチェイ氏は、世界の人口が幾何級数的に増加するのに対して、食糧・資源は増やせるにしても直線的でしかなく、近い将来に社会が破綻することは明らかであり、世界的な運動を起こすべきだと考えました。全地球的な「人類の根源的大問題」である資源・人口・軍備拡張・経済・環境破壊などに対処するために世界各国の政治家や外交官、企業家、自然・社会科学者、各分野の学識経験者などを集めて一九七〇年に設立したのがローマクラブです。

このローマクラブが一九七二年に発表した研究報告書が『成長の限界』（The Limit to Growth）です。人類の未来について「このまま人口増加や環境汚染などの傾向が続けば、資源の枯渇や環境の悪化により、一〇〇年以内に地球上の成長が限界に達する」と警告しました。

世界人口が現在の半分の約三七億人だった一九七二年に、「地球と資源の有限性」や「その社会経済的影響」を明らかにすると同時に、将来の世界の状況について起こり得る複数のシナリオをまとめたのです。再生する速度以上のペースで地球上の資源を人間が消費し続けると仮定したシナリオでは、世界経済の崩壊と急激な人口減少が二〇三〇年までに発生する可能性があると推定して、当時の世界各国に衝撃を与えました。

『成長の限界』はショッキングなレポートではありましたが、社会を変えるまでの力は持ちませんでした。

一方で、国連や各国政府機関では環境問題に対する評価が進められ、一九八八年に地球温暖化について科学的な研究の収集、整理を行うIPCCが設立されました。

米国プリンストン大学の客員研究員で、海洋研究開発機構（JAMSTEC）のフェローを務める真鍋淑郎さんは、米海洋大気局（NOAA）で研究を行い、コンピューターによる気候のシミュレーションモデルを開発しました。大気中の二酸化炭素濃度の増加が地球温暖化に影響することを実証した業績によって、二〇二一年のノーベル物理学賞を受賞しました。真鍋さんの研究はIPCCが一九九〇年に最初に出した「第一次評価報告書」でも採用されました。

環境問題の潮目が変わったのは、今から三〇年前の一九九二年六月に国連が南米ブラジルのリオデジャネイロで開催した「環境と開発に関する国際連合会議」（国連環境開発会議：UNCED）だったと感じています。この国際会議は「地球サミット」の通称で知られていて、当時のほぼ全ての国連加盟国一七二カ国・地域の政府代表と、多くのNGOが参加する一大イベントでした。

IPCCが一九九〇年に発行した第一次評価報告書で「科学的不確実性はあるものの、気候変動が生じる恐れは否定できない」と指摘したことを踏まえ開催されたのです。

地球サミットが開催された一九九二年は、政治的にも混乱していた時期でした。米国と覇権を争っていたソビエト連邦が前年の一九九一年一二月末に崩壊し、ソ連を構成していた国々はそれぞれが独立国になりました。ソ連崩壊で分裂した国にはロシアやウクライナなどがあります。三〇年を経て時計の針を巻き戻してソ連時代の栄光を取り戻そうと、二〇二二年二月二四日、ロシアのプーチン大統領の指示でロシア軍がウクライナに侵攻したことは記憶に新しい出来事です。

中東では、一九九〇年八月にイラクがクウェートに侵攻したことをきっかけに、国連が米軍中心の多国籍軍を派遣して湾岸戦争が勃発します。この湾岸戦争が中東のさらなる不安定化を招き、後に二〇〇一年九月一一日のイスラム原理主義組織アルカイダによる米国への同時多発テロにつながっていくのです。

一九八九年一一月の「ベルリンの壁」崩壊に始まる東欧諸国の脱共産化や、一九九〇年一〇月の東西ドイツ統一、そして一九九一年一二月のソ連崩壊というように、東西冷戦が終結すると同時に世界地図が塗り替わって歴史が大きく動いた時代でした。

一方、一九八九年に空前の好景気を享受して平成の時代を迎えた日本は、一九九一年に始まるバブル崩壊で不動産価格と株価が急降下して、「失われた二〇年」と呼ばれる景気停滞の時代に入っていくのです。

そんな歴史的に見ても世界的に極めて不安定な時に世界中から指導者が集まって開催されたのが地球サミットでした。

地球サミットでは、持続可能な開発に向け、地球規模のパートナーシップを構築することを目指し、「環境と開発に関するリオ宣言」を採択しました。同時に二一世紀に向けた行動計画として「アジェンダ２１」を採択し、持続可能な社会に変化させていくことを目標に置きました。

この地球サミットで採択され、今に続く国際的な環境問題の枠組みになったのが「気候変動に関する国際連合枠組条約」（国連気候変動枠組条約：ＵＮＦＣＣＣ）と「生物資源の持続可能性を実現する生物多様性条約」（国連生物多様性条約：ＣＢＤ）です。

この二つの条約を締結した国々が毎年（生物多様性条約は二年に一回）開催しているのが締約国会議（ＣＯＰ：Conference of the Parties）です。

気候変動に関して二〇二一年一〇月から一一月にかけて英国グラスゴーで開催されたCOP26は、気候変動枠組条約の締結国の第二六回の会議ということになります。

生物多様性に関しては二〇二一年一〇月に中国昆明で締約国会議COP15が開催されて閣僚級の会合を開き、「生物多様性の喪失や海洋汚染など前例のない危機が私たちの惑星と社会の営みを脅やかしている」と指摘し、新たな目標を採択するとした「昆明宣言」を取りまとめました。COP15は二〇二二年四月から五月にかけて昆明で再び開催され、二〇一〇年に日本が議長国として愛知県で開催したCOP10で採択された「愛知目標」に代わる二〇三〇年を期限とする新たな目標を採択する見込みです。

このように歴史的に見ていくと、三〇年前に南米ブラジルで採択された「環境と開発に関するリオ宣言」は現在に至る環境と開発の指標の基礎となったことがわかります。近年になって地球温暖化の影響による気候変動で自然災害が頻発し、環境への関心が高まっていますが、環境問題の解決を目指す国際的な源流は半世紀前のローマクラブの『成長の限界』、三〇年前の「リオ宣言」から脈々と流れ続けているのです。

□ SDGsで新しいグローバル主義を

二〇世紀は、エネルギーや資源が石炭や石油のような化石燃料に移行した世紀です。地下から石油や石炭、各種鉱物などを掘り出すことで一大ビジネスが勃興し、先進国の石油メジャーや化学工業が産業界を牛耳り、石油の採掘で潤った中東などの産油国では砂漠に発生した蜃気楼のように高層ビル群が築かれました。

発展途上国では、一部の人間が石油採掘の利権を独占し、大金持ちと貧しい人々の二極分化が起こりました。しかしこれらの地下資源は掘り尽くせばいつかは無くなってしまう有限の資源であり、持続可能なビジネスにはなりません。

米国の進化生物学者で生理学者、生物地理学者であり、著書『銃・病原菌・鉄』で一九九八年にピューリッツァー賞を受賞したノンフィクション作家でもある、米カリフォルニア大学ロサンゼルス校（ＵＣＬＡ）のジャレド・ダイアモンド教授は、この採掘（マイニング）は搾取であるとしています。

第二次世界大戦後の東西冷戦を経てソ連が崩壊してから、これまで米国が主導するグローバル主義、つまり、人・モノ・金・情報の自由な移動でグローバル資本主義が世界の経済を引っ張ってきました。

ベルリンの壁崩壊後、このシステムを上手に活用してきた中国は経済を著しく伸長し、毎年一〇%を超える軍事予算の伸びで軍事力に国家予算の多くを費やす中で、今や米国と覇権を争うまでになりました（二〇二二年度の国防予算案は米国が八七兆円で中国は約二六・三兆円。日本の防衛費は六・一兆円）。米国と中国を震源にして、世界各国に国家主義が台頭してきています。欧州でも英国が欧州連合（EU）から脱退する「ブリグジット」が起こり、さらにコロナを契機に各国独自の政策が幅を利かし、国家主義が台頭していきます。

今までの米国主導のグローバル経済は、世界に人・モノ・金・情報を、自由にグローバルに行き来させることで社会に豊かさをもたらせてきました。その中核である株式市場やその他の資本市場のグローバルな運用で「金が金を生む」原理がまかり通り、世界に貧富の格差が生まれ、地球環境の悪化をもたらしました。世界最大規模の金融コングロマリットであるクレディ・スイス証券によれば、世界の最富裕層の一一%が世界の富の八〇%を握るいびつな状況が生まれています。

金に色はつかないといいますが、ROI（Return On Investment：投資利益率）を重視する経済システムでは集めた資金を生産や販売に投じて利益を増大することに力を入れ、コストがかかってすぐには利益が生まれない課題の解消には二の足を踏みがちです。

地球温暖化への対応、生物種の急速な減少、プラスチックによる海洋汚染など、グローバルな問題の解決には、いまこそ新しい経済の原理とグローバルな協力が必要です。ことに新型コロナウイルス感染症のパンデミックで露呈した格差の問題をこれからどうするかは、ＳＤＧｓの基本的な理念である「誰一人とり残さない」対応が必要です。

新しいグローバリズムの経済体制は、お金だけでなく地球的価値の維持と継承が必要です。そのためにサラヤとしても新しい経済活動を模索していきます。

感染対策には「標準予防策」(Standard Precaution) が、貧富の区別なくユニバーサルに普及するよう頑張っていきたいと考えています。そして、この考えの延長線上にユニバーサルヘルスケア（ＵＨＣ）を考えます。

生物多様性の保全に寄与する野生生物の保護や、地域の人々と協働して産業振興にも対応していきます。ＳＤＧｓの目標年である二〇三〇年に向けて、今がこうした取り組みの分岐点になると思います。

◻ ＳＤＧｓの目標達成に向けたマインドセットを

サラヤは企業目標の中核にＳＤＧｓを置いています。その活動として①ボルネオでの生物多様性の保全、②ウガンダなど発展途上国の衛生管理と推進、③海洋プラスチックごみ汚染の防止、といった取り組みを推進しています。

それぞれの職場でも、日常的に仕事の活動から少しでも現状を改善してSDGsの目標に近づけるよう活動を続けています。

二〇二〇年七月からプラスチックごみによる海洋汚染を防止するため、プラスチック製のレジ袋の有料化が始まりました。プラスチックは非常に便利な素材で、成形しやすく軽くて丈夫で密閉性も高いため、社会のあらゆる分野で使われ、生活を便利にしてくれます。一方で廃棄の問題や、原料となる石油など資源問題、海洋プラスチックごみ問題といった課題も抱えています。

プラスチックをすぐに全廃するのは難しいですが、過剰な使用を抑制して賢く利用する必要があります。普段何気なくもらっていたレジ袋が有料になることで、本当に必要なものかを考えてライフスタイルを見直すきっかけになりました。

サラヤでは、ボルネオの森や海、ひいては生物多様性をテーマに当社のデザイナーがデザインしたエコバッグを製作しました。きれいで便利で使いやすいエコバッグというだけにとどまらず、その背景にある物語を語り伝えていくことができる社員を増やすことが必要です。

サラヤのそれぞれの商品には、なぜこの商品が開発され、販売されているのかという思いや物語があります。社員にはそれぞれの商品への理解を深め、自分の言葉で語れるようになってほしい。こうした社員の中から「サラヤのＳＤＧｓの物語を語る人」を増やすことが目標です。

一朝一夕に実現できることではありませんが、二〇二二年に七〇周年を迎え、次の七〇年を目指していくため、全社一丸となって取り組んでいきたいと考えているのです。

3 ボルネオゾウ救出に学んだ自然保護の考え

サラヤは創業時から「社会問題をビジネスで解決する」ことを目指しており、時代によってその問題の内容は変化しています。

高度経済成長期の一九七〇年代は安価で大量生産ができる石油原料の合成洗剤が主流でした。けれども石油系洗剤の排水は自然界で分解されにくく、全国の河川や湖沼で環境汚染を引き起こしました。

そこでサラヤは業界に先駆けて環境負荷の少ないヤシの油を原料とした植物系の「ヤシノミ洗剤」を一九七一年に発売しました。

ヤシノミ洗剤やハンドソープなどの原料の一つであるパーム油・パーム核油はアブラヤシという椰子（ヤシ）から採れる植物油脂です。原産は西アフリカですが、一九世紀にインドネシアに持ち込まれてからボルネオ島など東南アジア地域を中心に商業栽培が広がりました。

アブラヤシの果肉からはパーム油、種子からはパーム核油が採れます。使い勝手の良さや生産効率の高さから、世界中で最も使用されている植物油で、およそ八五％が食用油などの用途に消費されています。日本では一人当たり年間四キロ以上を消費しているといわれていて、パーム油の大半はマーガリン、ショートニング、ココアバター代替品などの食品加工用や揚げ物油として利用されています。種子から得られるパーム核油は半分以上が非食品用途で、石鹸や洗剤、化粧品、ロウソク、工業製品の原料として使われています。

アブラヤシの生育には高温多湿な気候と十分な日照時間が必要で、世界中のどこでも生産できるわけではありません。赤道をはさんだ温暖で湿潤な熱帯地域である東南アジアやアフリカ、中南米がアブラヤシの生息域になります。生産国はインドネシア、マレーシアが突出しており、世界のパーム油生産量の九割近くを占めていて、中でもボルネオ島が一大生産地となっています。生産されたパーム油はインドや中国、ＥＵ、そして日本のような消費国に輸出されています。

パーム油がこれほど世界に広がったのは、他の植物油脂と比べて安価なためです。パーム油の農地一ヘクタール当たりの収穫は世界平均で四・三九トン（二〇二一年）で、大豆油の〇・五トンを大きく引き離しています。インドネシアやマレーシアにとってパーム油生産は一大産業なのです。

こうした世界中の需要に対応するため、主要原産国のインドネシアやマレーシアは熱帯雨林を伐採して、パーム油の原料となる植物のアブラヤシ農園（プランテーション）が続々と作られるようになりました。熱帯雨林を伐採してアブラヤシを植栽するので、一見するとアブラヤシの森林が広がっているように見えますが、一種類だけの植物を生育するアブラヤシ農園は生態系が単純化あるいは均質化してしまい、これまで熱帯雨林の複雑な生態系で生きてきた多くの生物にとって最適な環境ではありません。熱帯雨林で生息していた野生動物が生息域を追われて減少したり、絶滅の危機に瀕したりしていることもわかってきています。

それだけではなく、単純化したプランテーションが原因で洪水被害が起きたり、森林火災を誘発して火災による大気汚染など社会問題も起きたりしています。さらにパーム油が安価な背景には、農園労働者の人権問題や児童労働といった違法労働、先住民との紛争など多岐にわたる問題があるのです。

□子ゾウの涙～地球にやさしいの落とし穴

サラヤがこうした問題に気付かされたのは二〇〇四年のことでした。八月一日に環境問題を取り扱うテレビ朝日系列のドキュメンタリー番組『素敵な宇宙船地球号：子ゾウの涙～地球にやさしいの落とし穴』が放送されました。

熱帯雨林が急激にプランテーションに変わった地域の一つがボルネオ島です。ボルネオ島は東南アジアのマレー諸島に位置する広大な山がちな島で、グリーンランド島、ニューギニア島に次いで世界で三番目に大きな島です。ボルネオ島は一つの国ではなく、マレーシア領のサバ州とサラワク州、インドネシア領のカリマンタン州（東西南北・中部カリマンタンの五州）、小国のブルネイに分かれています。面積は七四万六三〇〇平方キロメートルで日本の約二倍に相当する面積の多くを多様な生態系を育む熱帯雨林が覆い、オランウータンやウンピョウなど野生動物の生息地として知られています。

この島にボルネオゾウという世界最小のアジアゾウが生息しています。世界自然保護基金（WWF）によると、二〇一二年当時の北カリマンタン州のボルネオゾウの推定個体数は三〇～八〇頭、隣接するマレーシアのサバ州には推定で一五〇〇～二〇〇〇頭が生息しているとみられていました。

インドネシア領の北カリマンタン州には今も広く熱帯林が残っていて無数の河川が流れ、多くの野生動物とともにボルネオゾウが生息しているのです。この北カリマンタン州でも二〇〇〇年以降、パーム油の原料となるアブラヤシを生産するためにプランテーション開発が盛んになりました。二〇〇三年から二〇一〇年にかけて、北カリマンタン州内にあったゾウのすむ森の面積は約一六％が消失したといいます。

熱帯雨林の河川沿いを移動して生活するボルネオゾウは、熱帯雨林がアブラヤシ農園に変わってしまい、移動のための道が分断されてしまったことでエサを得ることができなくなったり、アブラヤシの樹の芯をエサとして食べるために農園内に侵入したりするため、農園の周囲に高圧線を張り巡らせてゾウが侵入しないようにしたり、イノシシやシカなどを捕獲する罠に子ゾウがかかって怪我をすることもありました。

この番組の最後にパーム油を原料として使う石鹸・洗剤メーカーとして「この現状をどう思うか」というインタビューを受けました。私は、ボルネオ島のアブラヤシ農園の開発がこのような生態系の破壊を引き起こし、ボルネオゾウが被害を受けていることについて知らなかったことを正直に話しました。

昨今ではESG（環境・社会・ガバナンス）経営の観点から、サプライチェーンにおいて原料の調達先である企業がどのような環境対策や人権配慮を行い、きちんとしたガバナンスの下で経営しているかを監視したり確認するようになりつつあります。当時は洗剤の原料であるパーム油がどのような工程を経て作られて届けられているかについては、私たちメーカー側も知らないことの方が多かったのです。

番組制作会社は、アブラヤシの需要者である企業からコメントを取ろうと奔走したそうですが、どの企業からも断られてしまったそうです。

私としては率直なコメントを寄せただけなのですが、番組が放送されると、ボルネオの熱帯雨林が減少しているのは「自然に優しい自然派の洗剤」をうたっているヤシノミ洗剤のせいだと視聴者から誤解されることにもなってしまいました。

番組を見た視聴者からは会社に抗議の電話が数多くかかってきました。「ゾウがかわいそう」という感情的な意見や、「環境への負担が小さく、手肌に優しい洗剤を作るなら、原料はパーム油にこだわる必要はない。ほかの天然素材を使えばいい」という冷静な意見もありました。中には「サラヤを見損なった」という激しい意見もありました。

ただ、サラヤ一社がパーム油を使わなくなれば、ボルネオのアブラヤシ農園の問題が解決するという単純な話ではありません。たとえ世界中の企業がパーム油を使うことを止めたとしても、問題の本質的な解決にはならないのです。

◻ 貧困問題と環境破壊の関連

熱帯雨林は大量の二酸化炭素を吸収し、地球温暖化を抑制する役割を果たしています。世界最大の熱帯雨林である南米アマゾンは「地球の肺」とも呼ばれています。

世界資源研究所（ＷＲＩ）は、二〇〇一～二〇一九年の間に世界の森林は、排出した二酸化炭素の約二倍の量を吸収したと報告しています。森林は伐採などによって年間平均八一億トンの二酸化炭素を大気中に放出する一方、一五六億トンを吸収しているというのです。

二酸化炭素排出量が最も多い中国は毎年約九〇億トン以上、二番目の米国は毎年約五〇億トンを排出し、全世界の排出の四割以上を占めています。森林は中国と米国の排出量を合わせたよりも多い二酸化炭素を吸収しているのです。

英国ロンドンに本部を置き、気候変動など環境分野に取り組む国際ＮＧＯのＣＤＰによれば、森林破壊の原因の八割はウシを飼育する酪農、木材資源を得るための伐採、大豆を植える畑への転換、パーム油を取るためのアブラヤシ農園の開発という四つの農畜産物需要だとしています。

世界には南米アマゾン、東南アジアのボルネオ島、西アフリカのコンゴに三大熱帯雨林があります。このうちアマゾンの熱帯雨林は面積で約半分を占める世界最大の熱帯雨林です。大気中に排出された二酸化炭素のうち二五％は陸上の植物や土壌が吸収していて、アマゾンの熱帯雨林は四五〇〇億トンもの二酸化炭素を蓄えているといわれています。

ところが過去四〇年にわたり、アマゾンの熱帯雨林の東部は森林破壊や高温、干ばつにさらされてきて、森林火災の発生が増えて二酸化炭素の排出量が吸収量を上回り、二酸化炭素吸収源から大気への炭素排出源に転換していたというブラジル国立宇宙研究所（ＩＮＰＥ）の研究論文が、二〇二一年七月に学術雑誌『ネイチャー』に掲載されたのです。

現在のペースで森林開発や喪失が続けば、これまで二酸化炭素を吸収してきた熱帯雨林が、排出源になりかねない状態です。炭素吸収量の二七％は保護地域内の森林が貢献していて、地球温暖化による気候変動を抑制するには原生林と二次林の保護が非常に重要です。

ただ、ボルネオ島に限らず、アマゾンなどでも熱帯雨林が乱開発されるのは複雑な背景があります。人類にとってどれだけ熱帯雨林が貴重で、地球温暖化の抑制や生態系の保全による生物多様性の維持に熱帯雨林が重要な役割を果たしていることがわかっていても、現地で生活をしている人たちからすれば、ただの密林では生活の糧になりません。そこを切り開くことで人間に有用な作物を植えて収穫したり、伐採して木材として活用したりすることで、生活は成り立っているのです。先進国で生活をする私たちが「熱帯雨林を守れ」「木を伐採するな」と批判しても、そこで暮らす人たちの生活を簡単に否定することはできません。

二〇〇五年までは世界で最も需要があり生産されていた植物油脂は大豆油でしたが、二〇〇六年にパーム油が上回って以来、大豆油との差は広がりつつあります。二〇二〇年の世界でのパーム油生産は七四二〇万トンでした。

現在では揚げ物用油やマーガリン、チョコレートなどに使われる植物性油脂のほとんどがパーム油で、食品用途に大部分が消費されています。その割合は世界では約九割、日本では八割に達しています。ほかにも洗剤や化粧品、シャンプー、インクなどの油脂として様々な用途に使われています。最も価格が安い植物性油脂のパーム油は、既に世界の食品や工業製品のサプライチェーンに組み込まれているのです。

パーム油を生産するアブラヤシ農園を経営する企業に雇われて働く人々は、収穫量が目標の量に達しないと減給されたり、給料が支払われなかったりするケースがありました。インドネシアでも日本同様、児童労働は禁止されていますが、現地では中学生くらいの子どもが学校に行かずに、時に四〇キロ近いアブラヤシの果房を運んで労働している場面に遭遇することがあります。また移民として働いている人たちが強制労働させられているという問題も指摘されていました。

世界の食品産業のサプライチェーンに組み込まれて、インドネシアの輸出産業として大きな比率を占めるパーム油がなくなると、そのパーム油を使って食品を作ることもできなくなります。結果として食糧不足が起きることにもなりかねず、安価な食品に頼って生きている貧しい人々が飢えてしまうことにもなりかねません。食糧不足による飢餓の犠牲になるのは、先進国の人々よりも、低所得で暮らしている発展途上国の人々の比率の方がはるかに高いのです。

生物多様性を維持するため、自然環境や生態系を元に戻そうとすると今度は労働問題や飢餓などの社会問題が起きるという複雑で難しい問題が起きているのです。環境問題が飢餓や貧困など様々な問題と絡み合っている事例の一つといえるでしょう。

熱帯雨林の開発は、古くは焼畑農業に始まり、その後はゴムの木の農園（プランテーション）が切り開かれてきました。かつてプランテーションで行われてきた天然ゴム生産は、今では化学合成ゴムに押されて需要が減りました。一九六〇～一九七〇年代は日本の住宅ブームにのって多くの木材がボルネオから切り出されました。

そこにアフリカから持ち込まれたのがアブラヤシです。植物油脂需要の高まりを受けて、急激にプランテーション栽培が広がったのです。この需要拡大に目をつけて、海外の大資本家が地元に働きかけてプランテーション開発を進めました。

プランテーションを経営する企業は、資本の論理でアブラヤシを生育してパーム油を生産するため、環境保護団体がいくら抗議の声をあげても聞く耳を持たなかったのです。

□ 持続可能なパーム油の生産に向けて

当時、パーム油を生産するためのアブラヤシ農園の問題は、世界中で注目を集めていました。問題解決に向けた取り組みとして、二〇〇四年に様々なステークホルダーが議論する場となる「持続可能なパーム油のための円卓会議」（ＲＳＰＯ）という組織が設立されました。関係する国や地域のNGO、農園経営者、企業経営者が集まり、環境に無理のない形で安定的にアブラヤシの生産と消費を行う道を探ることを目的としています。

サラヤも早速二〇〇五年一月に、設立されたばかりのRSPOに参加することを決めました。サラヤがRSPOに加盟した当時は、全世界でも加盟企業は一〇〇社に満たない規模でしたが、今や三五〇〇もの企業や団体が加盟して、持続可能な認証油を活用しようという気運が盛り上がっています。

これまではパーム油を増産するためにアブラヤシのプランテーション開発が無計画に行われて熱帯雨林の破壊が続いていましたが、RSPOができたことで環境保護と経済活動を両立しようという考え方が生まれ、解決の糸口が見え始めました。

RSPOに加盟することを決め、二〇〇五年一月にマレーシアの首都クアラルンプールで開催されたRSPOの研究会に出席した私は、アブラヤシ農園の環境保全活動に取り組み、ボルネオゾウの保護活動を推進することを表明しました。

そして、テレビ番組『素敵な宇宙船地球号：子ゾウの涙～地球にやさしいの落とし穴』で起きた誤解を解くため、パーム油の主要生産国の一つであるマレーシアのボルネオ島に調査員を派遣して現地踏査を実施しました。

RSPOの会員企業としてアブラヤシ農園に視察を申し込むと、サラヤもパーム油を購入するメーカーということですんなりと受け入れてもらえました。現地を視察したかったのは、プランテーションがどのように開発され、アブラヤシがどのように生育して生態系に影響を与えているのか、環境を保全しながら経済活動も行うことはできないのかを知りたかったからです。

アブラヤシ農園を経営する企業は環境保護団体の訴えなら聞かないふりをしてダンマリを決め込むこともできましたが、パーム油を購入する顧客の企業の求めには対応しないわけにはいきません。

そこで得た情報を基に、サラヤは二つの活動方針を立てました。

一つはボルネオ保全トラスト（Borneo Conservation Trust：BCT）を通じて野生動物とその生息地である熱帯雨林を守る活動を始めること。もう一つはRSPOを通じて熱帯雨林の減少の原因となっているアブラヤシ農園の無秩序な拡大を改善することです。

現地調査を通じて、アブラヤシのプランテーションがどれだけボルネオゾウなど野生生物の生息域に入り込んでいるのか、パーム油の生産が現地の人々の生活にどれだけ重要なのかを知ることができたのです。

二〇〇五年三月、ボルネオ島で起きている問題を取り上げた『素敵な宇宙船地球号』の二回目の番組が放送されました。そこでは、ボルネオ島のアブラヤシ農園の問題が深く掘り下げて伝えられました。パーム油は世界の産業のサプライチェーンに組み込まれていて、アブラヤシの栽培を止めることは非現実的なこと、環境負荷を抑えつつパーム油を生産する方法を模索することが問題解決の近道であることなどが紹介されました。

サラヤがこの問題にどう取り組んでいるかも取り上げられました。住民の仕掛けた罠にかかったボルネオゾウの子ゾウを救出する映像が流れ、ボルネオ島の問題にこれからも取り組んでいくことを伝えました。

こうして、私たちがボルネオ島の環境保全に取り組む流れができたのです。

パーム油を製品の原料として使っているメーカーとして、原料の生産に関してまで目を配り責任をもって事業経営していくべきです。「自然派」を自認するサラヤとしてできることに取り組み、この問題にとことん付き合って解決していくことを決意したのです。

ＲＳＰＯでは、二〇〇八年一一月から持続可能なパーム油のためのＲＳＰＯ認証制度を正式にスタートしました。サラヤもこの制度を支持し、可能な限り購入していく方針を打

野菜・食器用洗剤「ハッピーエレファント」シリーズ

ボルネオ島で野生動物の保護活動に取り組む

ち出しています。

二〇一二年、サラヤは新しい洗剤ブランド「ハッピーエレファント」を立ち上げました。

そのコンセプトは「水といきものの未来のために」です。同ブランドの商品には全て天然洗浄剤ソホロリピッドを配合し、ＲＳＰＯ認証を取得して売り上げの一％はＢＣＴの支援金になります。

ＲＳＰＯは持続可能なパーム油の生産・加工・流通を行うために、八つの原則と四三の基準（二〇一三年に制定、二〇一六年にＲＳＰＯ ＮＥＸＴを発表）が定められています。

アブラヤシ農園が全ての工程でこれらの原則と基準に則って製造されたとＲＳＰＯが認定したパーム油はＣＳＰＯ（認定持続可能パーム油）として出荷されています。二〇二〇年には世界のパーム油の約一九%に当たる一七一一トンが出荷されました。

サラヤでは、アブラヤシ栽培から加工、流通など全ての工程で他の非認証油と混合されることなく管理され、栽培から加工、流通まで環境や労働者への配慮が適切に行われて生産されていることをＲＳＰＯが認証した「セグリゲーション」か、生産者が認証パーム油の生産量に基づいて発行したクレジットのどちらかのＲＳＰＯ認証油を用いてきました。

業務用を含めた全てのＲＳＰＯ認証油使用については、認証パーム核油（ＣＳＰＫＯ）やパーム油やパーム核油の誘導体が市場に極めて少ないという現実が今後も当分続くという予想を踏まえて、クレジットを小規模農園から購入する方針を進めてきました。

サラヤでは、新たに二〇二二年の目標として、国内販売するすべての自社製品がクレジットを含むＲＳＰＯ認証を取得している現状から、コロナ禍の影響を受けて一時的に暴騰したクレジットはコンシューマー製品を優先し、業務用はお客様の要望に応じて付与する方針に変更し、二〇三〇年には海外も含めたグループ全体でのＲＳＰＯ認証油を使用することを目指しています。

こうしたＲＳＰＯの取り組みやＮＧＯのキャンペーンなどにより持続可能なパーム油を求める国際社会の声も高まったことに後押しされ、欧米の大手企業を中心に先進的な方針が打ち出されています。最近では、ＲＳＰＯだけでは解決が困難であるとして、パーム油革新グループ（ＰＯＩＧ）やＲＳＰＯ Ｎｅｘｔなどの先進的な動きも見られます。

□野生動物のための「緑の回廊」をつくる

二〇〇六年二月、ボルネオ島で開催されたＢＢＥＣ（ボルネオ生物多様性・生態系保全プログラム＝Borneo Biodiversity and Ecosystems Conservation）の会合に参加し、そこではボルネオに「緑の回廊」をつくるという構想が提案されました。それは、

・河川沿いの密林を残して、ゾウやオランウータンなど野生動物が移動できる回廊を確保する
・野生動物と共存できる条件のもと、アブラヤシ農園の開発を行う
・前述の条件下で育てたアブラヤシを認証し、企業は認証されたアブラヤシから生産された認証パーム油を使う

というものです。私もパーム油を利用する民間企業の社長の立場で、この提案を後押しするため登壇の機会を得ました。この緑の回廊構想は大きな拍手とともに賛同を得ることができました。

さらにボルネオ島の生物多様性を保全するため、環境保全運動を行う新たな組織（トラ

スト）設立の気運も高まりました。

私自身も参加して、マレーシアのサバ州野生生物局の職員や当時ＢＢＥＣに在籍していた獣医師で専門家の坪内俊憲氏らとともに、二〇〇六年九月にＢＣＴを設立し、一〇月にＮＧＯとして政府の認定を受けました。事務所はサバ州コタキナバルのＳＷＤ（サバ州野生生物局）事務所内にあります。ボルネオ島のサバ州はアブラヤシ農園が急速に開発されていた地域です。

二〇〇八年にはボルネオ保全トラストを日本から支援するためにボルネオ保全トラスト・ジャパン（ＢＣＴＪ）を設立し、東京サラヤ本社に事務所を置きました。ボルネオ保全トラスト・ジャパンは、設立から一〇年後の二〇一八年四月一一日付で「認定特定非営利活動法人（ＮＰＯ法人）」として東京都から正式に承認されました。

ＢＣＴが認可されたことで、緑の回廊構想を実行することができるようになり、熱帯雨林を保全するために森林を買い取る活動を始めました。

このプロジェクトでは、ボルネオ島北東部を流れるキナバタンガン川流域で開発にさらされている熱帯雨林を所有者から買い取り、アブラヤシ農園の開発で分断されてしまった森林をつなぐことで生物多様性を保全する取り組みです。

キナバタンガン川流域は世界でもまれな生物多様性を誇っていましたが、急激にアブラヤシ農園の大規模開発が進んだことで広大な熱帯雨林が失われていました。一九七〇年代前半から二〇一〇年の四〇年で北海道とほぼ同じ大きさのサバ州全体で四〇%もの熱帯雨林が消失したというデータもあります。

ボルネオ島の野生生物保護区はアブラヤシ農園が広がるサバ州の中であちこちに存在しています。保護区周辺の土地は政府や個人が所有していて、私有地は少しずつプランテーションに変わりつつあります。このまま何もしなければ残った熱帯雨林もさらに開発が進んで野生動物の生息域が減少することが予測できました。

野生動物が生息するには広大な森林が必要です。生息域が狭ければエサが不足して群れを維持することはできなくなります。群れの生息域が限定されてしまえば移動が制限されて、他の群れとも交配が進まないため、いずれは絶滅する危険性があります。

既に開発されてしまったアブラヤシ農園を熱帯雨林に戻すことはできませんが、残った森林がつながっていれば、いま生きている野生動物を絶滅から守り、未来にいのちをつなぐことができるのです。

国際自然保護連合（ＩＵＣＮ）が提唱している「生物生息空間の形態・配置の六つの原則」でも「分断された地域は回廊でつなげるのがよい」と定義されています。

キナバタンガン川沿いの熱帯雨林は公有地と私有地に分けられます。州が所有する土地は公有地ですが、私有地なら取得可能です。州が指定した保護区や保護林をつなぐ重要な土地やボルネオゾウの群れが通り道として使う森など、対象地域の中から適切な土地を選択して実際に訪問して森を調査し、適していると判断すれば土地の所有者に話をもちかけます。

取得した土地は「野生生物保護区」としてキナバタンガン川流域に熱帯雨林のまま残せるようサバ州政府に寄贈する計画です。

二〇〇七年、サラヤはこうしたボルネオ島の現状を消費者に知らせる広報活動を始め、ヤシノミ洗剤などの出荷額の一％を活動支援のために使うことに決めました。二〇〇九年から二〇二〇年までに緑の回廊の土地のうち合計九カ所、二九・四九ヘクタールがサラヤの支援により取得され、「サラヤの森」と命名されています。

□ボルネオのプランテーション問題その後

ボルネオゾウはＩＵＣＮが作成する絶滅の危機に瀕している世界の野生動物をまとめた「レッドリスト」で絶滅危機に該当しています。けれども熱帯雨林が減少してボルネオゾウなど野生動物の生息域が減る一方、人間の生活域が拡大して様々なトラブルも起きるようになっています。例えば熱帯雨林を切り開いて作った畑にボルネオゾウが入り込んで農作物を食べ荒らしてしまったり、農民と衝突して子ゾウが怪我を負ったりするなどの問題が起きているのです。

ゾウの群れは一定のルートを移動しながら生活します。それまで熱帯雨林だった場所がアブラヤシ農園に変わってもおかまいなしにそのまま入り込み、アブラヤシの若い幹や葉を食べてしまいます。

ゾウは毎日体重の五％のエサを食べるといわれています。体重二トンのゾウなら八〇～一〇〇キロのエサが必要です。アブラヤシ農園に入り込んだボルネオゾウは、アブラヤシの葉っぱだけでなく、若い幹を倒して柔らかい部分を好んで食べます。

森とプランテーションが隣り合う場所では、数十頭ものゾウの群れがプランテーションに入り込んでしまうこともあります。群れがプランテーションに居座ると所有者は大きな損害を受けるため、農民にとってゾウは害獣でしかなく、罠を仕掛けたり時には殺してしまったりしています。

そこでBCTやサバ州野生生物局、旭山動物園（北海道旭川市）の坂東元園長が中心になり、野生動物の怪我の治療や、一時的な保護など救出作業を行う「ボルネオへの恩返しプロジェクト～野生生物レスキューセンター設立プロジェクト～」が立ち上がりました。

ＷＷＦ（世界自然保護基金）ジャパンから受賞した「スマトラサイ賞」（2018年）

私たちの日常生活にはパーム油が欠かせないものとなっていて、知らず知らずのうちにボルネオから恩恵を受けています。そこで恩恵を受けるだけでなく恩返しをすることをテーマに立ち上げたプロジェクトです。

ゾウ対策に追われるサバ州野生生物局から支援要請を受け、ＢＣＴＪと旭山動物園が共同でゾウのパドック（レスキューセンター）建設に着手。構想から五年、様々な企業の経済的、技術的な支援を受けながら二〇一四年に屋根付きのボルネオゾウ保護・一時飼育施設が完成しました。怪我をしたゾウを救出しても返す森が見つからない時の保護施設として活用されています。将来的には施設を増やし、見学もできる保護施設にすることを目指しています。

二〇一五年からはこの施設で野生に返せない

ゾウの飼育が始まりますが、サバ州の野生生物局は許容量を超えたボルネオゾウの保護を続けていて常に財政が逼迫しています。ＢＣＴＪは施設のスタッフ人件費やエサ代を継続的に支援し続けています。

こうしたサラヤのパーム油に関する取り組みが評価され、二〇一八年一〇月二二日に開催された「持続可能なパーム油会議二〇一八　ポストオリンピック、二〇三〇年のパーム油調達を見据えて」で、ＷＷＦ（世界自然保護基金）ジャパンの持続可能なパーム油の調達Ｂｅｓｔ Ｐｒａｃｔｉｃｅ賞で「スマトラサイ賞」を受賞しました。

日本にパーム油やアブラヤシ農園開発の情報がほとんどない状況の中、日本で最初にパーム油の持続可能な調達に取り組み、日本に籍を置く企業として初めてＲＳＰＯに加盟し、パーム油を使用する商品のパッケージ裏面にＲＳＰＯ認証マークを表示して認証製品を販売していることなど、積極的にパーム油の調達改善や認証制度の普及に尽力したことが評価されました。

この会議では企業や団体、メディアなど一五〇社三一〇人が参加し、食品や日用品など幅広い製品分野で利用されている「パーム油」の持続可能な調達について、今後の展望の発表やパネルディスカッションが行われ、「持続可能なパーム油のための日本ネットワーク」(Japanese Sustainable Palm oil Network：ＪａＳＰＯＮ）を立ち上げることが宣言されました。

□ 生物多様性は誰のため

四六億年前に地球が誕生し、最初の生命が誕生した四〇億年から、生命は進化の道のりをたどってきました。「生物多様性＝Biodiversity」とは、単に動植物の種類が多いことを意味するものではなく、生命が生まれて以来の長い歴史と、その中で育まれてきた生きものの相互のつながりを示す言葉です。

生物多様性という言葉が注目されるようになったのは、それほど古いことではありません。二〇世紀後半から、自然環境が豊かに残っていた途上国などで開発が急激に進み、様々な自然破壊が世界全体をも脅かす「環境問題」として意識されるようになりました。

生物多様性の問題は人類自身が自然環境を改変し、多くの生物を減少・絶滅に追い込み、地球に生息する多様な生物の生態系を大きく損なう世界規模の問題なのです。

地球が誕生して以来の変化は堆積した地層に痕跡として残されます。地層のできた順序を研究する地質学の一部門である層序学によると、現在は古生代、中生代、新生代など大きな地質年代区分のうち「新生代」に当たり、さらに細分化された一万一七〇〇年前に始まる新生代第四紀完新世に当たると言われてきました。

それが最近の学説では、完新世は既に終わり、新たな「人新世」（アントロポセン＝Anthropocene）という地質年代に突入しているとされています。人新世は「人類の新たな時代」という意味で、かつて地球を変化させた小惑星の衝突や火山の大噴火に匹敵して、人類の活動が地質学的な変化を地球に刻み込んでいることを表す造語です。

オゾンホールの研究でノーベル化学賞を受賞したパウル・クルッツェン氏らが二〇〇〇年に人新世の考え方を提唱し、国際地質科学連合で二〇〇九年に人新世作業部会が設置されました。人新世が正式な地質年代として認められるかどうかまだ時間がかかるようですが、人新世が始まったのは一九五〇年頃というのが有力です。なぜ一九五〇年なのかというと、第二次世界大戦後に急速に進んだ人口増加やグローバリゼーション、工業における大量生産、農業の大規模化、大規模ダムの建設、都市の巨大化、テクノロジーの進歩といった社会経済における大変化が起きた時期だというのです。

こうした人間の活動が二酸化炭素やメタンガスの大気中濃度を増やして地球温暖化が進み、成層圏のオゾン濃度が上昇したり、海洋の酸性化が進み海洋資源が悪化したりしているほか、熱帯雨林の開発が急速に進むことで地球環境に大きな影響を及ぼしているというのがその理由です。

人新世が第二次世界大戦を終結させることになる広島・長崎での原子爆弾という史上初の核兵器の使用の時期と重なるのは偶然ではないのかもしれません。

これまで地球は過去五回の大量絶滅を経験しています。一番最近のものは六六〇〇万年前の白亜紀末に小惑星が地球に衝突したことで恐竜をはじめとする多くの生物が大量絶滅したことです。過去五回の大量絶滅では、一回につき動植物や微生物の七〇~九五%が絶滅したそうです。

今や人新世の環境変化が六度目の大量絶滅を引き起こすのではないかと危惧されているのです。既に人類の行動は数百種の生物を地球上から消し去り、さらに多くの種を絶滅の瀬戸際へと追いつめています。

研究者が現在を大絶滅の時代であると考え始めたのは二〇世紀が終わる頃からです。米国の自然史博物館は、米国生物科学協会の会員を対象に「次の一〇〇〇年の生物多様性」(the Biodiversity in the Next Millennium)という調査を行い、一九九八年に発表しました。次の一〇〇〇年で地球の生物多様性は大きく損なわれ、政府や大衆は危機に関して過小評価しているという会員が多くいました。こうした調査や議論を経て、現在が第六の大絶滅の始まりではないかと議論されるようになります。

二〇二〇年に米科学アカデミー紀要(PNAS)に発表された研究論文では、著者の一人でメキシコ国立自治大学で生態学を研究するヘラルド・セバジョス・ゴンサレス教授が二〇〇一年から二〇一四年にかけて世界では約一七三種の生物が絶滅し、過去一〇〇年間で四〇〇種類を超える脊椎動物が絶滅したとしています。研究では通常の進化の過程でこれだけの数の絶滅が起こるには最長で一万年かかるとしています。

二〇一九年に国連教育科学文化機関（ＵＮＥＳＣＯ）が公表した「ＩＰＢＥＳ生物多様性と生態系サービスに関する地球規模評価報告書」では、「人間活動の影響により、地球全体でかつてない規模で多量の種が絶滅の危機に瀕している。本評価報告書で評価した動物と植物の種群のうち平均約二五％が絶滅の危機にある。これは推計一〇〇万種が既に絶滅の危機に瀕していることを示唆している。生物多様性への脅威を取り除く行動をとらなければ、今後数一〇年でこれらの種の多くが絶滅する恐れがある。地球上の種の現在の絶滅速度は過去一〇〇〇万年平均の少なくとも数一〇倍、あるいは数一〇〇倍に達していて、適切な対策を講じなければ、今後さらに加速するであろう」と警告しています。

また同じ報告書では次のような点を指摘しています。

・複数の人為的な要因によって、地球上のほとんどの場所で自然が大きく改変されている。大多数の生態系と生物多様性の指標の急速な低下がこれを裏付けている。世界の陸地の七五％が著しく改変され、海洋の六六％は累積的な影響下にあり、湿地の八五％以上が消失した。

・世界全体でみると二〇〇〇年以降森林の消滅が減速したが、その増減は場所によって異なる。豊かな生物多様性を擁する熱帯では、二〇一〇年から二〇一五年までの間に三二〇〇万ヘクタールの原生林や二次林が消滅した。熱帯林や亜熱帯林の面積が拡大している国もある。温帯林や寒帯林の面積は総計で拡大している。自然林の再生から単一種の植林に至るまで、様々な努力が森林面積の増大に貢献しているが、これによる生物多様性とその人々への寄与への影響は場合によって大きく異なる。

・一八七〇年代以降、生きているサンゴ礁の約半分が失われ、ここ数一〇年では気候変動によって他の要因も悪化して、サンゴの減少が加速している。陸域の主要な生物群系（バイオーム）のほぼ全てで、在来種の平均個体群が少なくとも二〇％減少し、生態系のプロセスと自然の寄与（ＮＣＰ）に影響を与えている可能性がある。

・この減少傾向の多くは一九〇〇年以降に始まったもので、加速している可能性がある。

固有種が豊富な地域の多くでは、在来の生物多様性が侵略的外来種による深刻な脅威にさらされている。陸域、淡水域および海洋に生息する野生の脊椎動物種の個体群はここ半世紀の間で縮小傾向にある。昆虫類の個体群の世界的な傾向はわかっていないが、いくつかの場所で急速な減少が報告されている。

健全な生物多様性は、人間の生活を含む、地球上のあらゆる形態の営みを支える欠かすことのできないものです。サラヤ一社では地球上の生物多様性を守ることはできませんが、世界中の多くの企業や人々が私たちと同じように環境の大切さを考え、実際に行動を起こすようになれば、少しずつ良い方向に向かうことができるのではないでしょうか。

日本でも環境基本法の下位法として、二〇〇八年六月に「生物多様性基本法」が施行しました。

その前文では、生物多様性と人類の関係、私たち国民の責務、この法律を制定した理念を述べています。法律の前文を読む機会はなかなかないとは思いますが、日本の生物多様性の取り組みに関する基本となる法律ですので、ここに引用しておきます。

「生物多様性基本法」 前文

「生命の誕生以来、生物は数十億年の歴史を経て様々な環境に適応して進化し、今日、地球上には、多様な生物が存在するとともに、これを取り巻く大気、水、土壌等の環境の自然的構成要素との相互作用によって多様な生態系が形成されている。

人類は、生物の多様性のもたらす恵沢を享受することにより生存しており、生物の多様性は人類の存続の基盤となっている。また、生物の多様性は、地域における固有の財産として地域独自の文化の多様性をも支えている。

一方、生物の多様性は、人間が行う開発等による生物種の絶滅や生態系の破壊、社会経済情勢の変化に伴う人間の活動の縮小による里山等の劣化、外来種等による生態系のかく乱等の深刻な危機に直面している。また、近年急速に進みつつある地球温暖化等の気候変動は、生物種や生態系が適応できる速度を超え、多くの生物種の絶滅を含む重大な影響を与えるおそれがあることから、地球温暖化の防止に取り組むことが生物の多様性の保全の観点からも大きな課題となっている。

国際的な視点で見ても、森林の減少や劣化、乱獲による海洋生物資源の減少など生物の多様性は大きく損なわれている。我が国の経済社会が、国際的に密接な相互依存関係の中で営まれていることにかんがみれば、生物の多様性を確保するために、我が国が国際社会において先導的な役割を担うことが重要である。
我らは、人類共通の財産である生物の多様性を確保し、そのもたらす恵沢を将来にわたり享受できるよう、次の世代に引き継いでいく責務を有する。今こそ、生物の多様性を確保するための施策を包括的に推進し、生物の多様性への影響を回避し又は最小としつつ、その恵沢を将来にわたり享受できる持続可能な社会の実現に向けた新たな一歩を踏み出さなければならない」

生物多様性基本法では、第一条の目的で「生物の多様性の保全及び持続可能な利用について、基本原則を定め、並びに国、地方公共団体、事業者、国民及び民間の団体の責務を明らかにする」としています。

そして、第二条で「持続可能な利用」に関して、「現在及び将来の世代の人間が生物の多様性の恵沢を享受するとともに人類の存続の基盤である生物の多様性が将来にわたって維持されるよう、生物その他の生物の多様性の構成要素及び生物の多様性の恵沢の長期的な減少をもたらさない方法により生物の多様性の構成要素を利用する」と定義しています。

まさに今求められているのは、こうした「生物の多様性の保全」と「持続可能な利用」です。

二〇一九年に国連で開催された温暖化対策サミットで、地球温暖化対策を訴え続けている当時一六歳だったスウェーデンの環境活動家グレタ・トゥンベリさんは「生態系は崩壊しつつあります。私たちは大量絶滅の始まりにいるのです」と各国の代表を前に演説しました。

大量絶滅の危機に瀕しているのは、多くの野生動物だけではありません。人類も生物の一つとして絶滅の可能性があることを忘れてはいけません。トゥーンベリさんの言葉を単なる警鐘として聞くだけでなく、私たちが生態系や生物多様性について自分ごととして捉えて行動していくことが、これからの未来を決めていくことにつながり、より良い世界を築いていくために重要なのです。

4 はるかアフリカの大地で手洗い普及へ

二〇二〇年初め（感染元の中国では二〇一九年末）に感染拡大が始まった新型コロナウイルス感染症（COVID-19）は、デルタ株、オミクロン株と変異を続けながら今なお世界の公衆衛生の大きなリスクになっています。

けれどもこうした感染症の危機は、今回の新型コロナウイルス感染症が初めてではありません。古くは中世ヨーロッパで「黒死病」と呼ばれたペストが大流行し、ヨーロッパだけで全人口の四分の一から三分の一に当たる二五〇〇万人が死亡したといわれています。

コロンブスの新大陸発見により入植したヨーロッパ人とともに天然痘がアメリカ大陸に持ち込まれ、免疫がなかった先住民族に激甚な被害をもたらしました。中南米のアステカ帝国とインカ帝国が滅亡するきっかけの一つが天然痘の大流行でした。

米カリフォルニア大学ロサンゼルス校（UCLA）のジャレド・ダイアモンド教授は著書『銃・病原菌・鉄』の中で、ユーラシアに根付いていた感染症が新大陸など免疫を持たない地域の人々を弱らせ、人口が減少して支配を維持することを容易にしたメカニズムを描きました。

日本でも平安時代に天然痘が流行し、聖武天皇が感染症や飢饉、戦乱などの災厄を収めるために東大寺の大仏を建造したことは知られています。

二〇世紀に入ってからも、一〇〇年前のいわゆる「スペインかぜ」には当時の世界人口の三分の一に当たる約五億人が感染し、全世界で四〇〇〇万～五〇〇〇〇万人が亡くなったとされています。

二一世紀に入ってからも、二〇〇二年末ごろに始まったＳＡＲＳ（重症急性呼吸器症候群）や、二〇一二年のＭＥＲＳ（中東呼吸器症候群）のようにコロナウイルスを原因として広まった感染症があります。

サラヤは祖業である手洗い用石鹸や消毒液のビジネスを通じて感染症と闘い続けてきました。今では日本だけでなく、世界中で事業を展開していますが、そのきっかけの一つとなったのが、二〇〇九年にメキシコから始まった新型インフルエンザでした。二〇〇九年一月頃からブタの間で流行していた豚インフルエンザウイルスが農場などでブタから人に感染し、それが人の間で新型ウイルスとして広まったとされています。

二〇〇九年六月、国連の世界保健機関（ＷＨＯ）はパンデミックを宣言しました。この非常事態宣言を受けて、日本でも新型インフルエンザの脅威と対策についてメディアが取り上げるようになると同時に、日本ユニセフ協会とサラヤとの関係が始まったのです。

話はこうです。国際衛生年に当たる二〇〇八年、国連児童基金（ユニセフ＝ＵＮＩＣＥＦ）をはじめとする国際機関やＮＧＯなどが、毎年一〇月一五日を「世界手洗いの日」(Global Handwashing day）に定めました。

当時世界では五歳を迎える前に亡くなる子どもの数が年間九二〇万人にも達していました。死因のほとんどは先進国なら予防や治療も十分にできるような病気でした。

また、下痢や肺炎といった感染症が原因で亡くなる子どもの数は年間三三〇万人もいました。もし、石鹸などを正しく使って手洗いをする習慣があれば、失われた命の多くは救うことができたとユニセフは考えていました。

途上国で多くの子どもの命を救うのなら、高価な治療薬や専門的な医療ができる医師も大切ですが、手洗いや身体を清潔に保つ衛生習慣を普及することがまず効果的だったのです。こうして「世界手洗いの日」が制定され、発展途上国で手洗いの普及啓発活動が始まりました。

サラヤは戦後、日本で赤痢が流行していた頃に、手洗い石鹸液と専用容器の開発から大きくなり、その後もアルコール消毒剤など衛生関連商品を発売したりして、日本国内で衛生環境の向上に努めてきました。

私は社長就任後初の大きな式典となった二〇〇二年の創立五〇周年記念式典で「手洗いで世界ナンバーワン企業になる」と宣言しました。そんなサラヤが日本ユニセフ協会の「世界手洗いの日」プロジェクトに協賛企業として参加するのは当然のことだったのです。

こうして日本ユニセフ協会と組んで、途上国の「手洗い」普及啓発活動を支援するプロジェクトがスタートしました。

□アフリカ・ウガンダでの手洗い普及活動

普及活動を行う候補国として、アンゴラとウガンダ、マダガスカルというアフリカ大陸の三つの国が上がってきました。そのうちサラヤはウガンダで手洗い啓発活動に取り組むことにしたのです。

ウガンダは東部アフリカの赤道直下に位置する内陸国で、面積は日本の本州とほぼ同じ広さです。ケニアやタンザニア、南スーダン、コンゴ民主共和国、ルワンダに国境を接し、雪に覆われたルウェンゾリ山地や、広大なビクトリア湖を南部に抱え、アフリカゾウやチンパンジーなど数多くの野生動物が生息しています。コンゴ民主共和国との国境となるブウィンディ原生国立公園は絶滅の危機にさらされているマウンテンゴリラの聖域となっています。

欧州列強の植民地支配後、一九六二年に独立しましたが、一九七〇年代に軍司令官イディ・アミンがクーデターで政権を掌握して恐怖政治を行ったことで経済は破綻し、社会的に大混乱しました。その後も政府と反政府武装組織が争う内戦による治安が悪い時期が続きましたが、二〇〇六年に戦闘と敵対的宣伝の停止に両陣営が合意し、ようやく正常化プロセスが始まったのです。

当時は長く続いた内戦で街も村も破壊され、その爪痕が残されたままで、荒れ果てたインフラの復旧と整備が急務となっていました。

特に衛生関連のインフラは劣悪で、ウガンダの首都近郊でさえ貧困地区ではコレラが発生していて、衛生環境が著しく悪い状態だったのです。しかも衛生習慣が定着していなかったため、二〇〇七年の調査では、トイレを使った後に石鹸で手洗いを行っている割合は一四％に過ぎませんでした。

二〇〇九年の調査では、ウガンダの乳児死亡率は一〇〇〇人当たり七九人、五歳未満の子どもの死亡率は一〇〇〇人当たり一二八人にも達していました。ウガンダでは一〇〇人当たり約一三人の子どもたちが五歳の誕生日を迎える前に死んでいたのです。

ウガンダ財務・計画・経済開発省（ＭｏＦＰＥＤ）によれば、乳幼児死亡の原因となる病気の七五％は予防可能だと考えられていました。

全世界で乳幼児の二大死亡原因となっている下痢性疾患と急性呼吸器感染症は、適正な手洗いを行うことで予防可能とされており、下痢性疾患では三五〜五〇％、急性呼吸器感染症では二三%も減らすことができるとされています。正しい手洗いさえできれば、何一〇万人もの子どもの命を守ることができるのです。

子どもたちの健康を守るためには、きれいな水を確保し、手洗い設備を作って、学校や保健所のようなインフラを整備し、正しい手洗い習慣のための教育活動を行う必要がありました。

二〇一〇年、日本ユニセフ協会、ウガンダ政府とともに「一〇〇万人の手洗いプロジェクト」が始まりました。現地のユニセフ事務所が実施する、石鹸を使った正しい手洗いを普及する活動です。二〇一〇年秋からは、対象とする衛生製品の出荷売り上げの一%をユニセフに寄付することにしました。

二〇一〇年から三年間の活動は、大きく分けて次の四つでした。

啓発活動

・母親への啓発活動を進め、衛生の重要性を理解してもらう
・ウガンダの四〇県で、一二〇万人の母親や保護者を対象とし、対面で啓発や広報活動を行い、石鹸による正しい手洗いの必要性とやり方を伝える
・五歳未満の子どもを持つ四五万人の母親に手洗いイベントへの参加を促す

手洗い設備

・トイレの隣に水を溜めたドラム缶状の容器にコックのついた形状の簡易手洗い設備を設置し、手洗い用の石鹸を常備

自主的な衛生活動の支援

・四〇県の一万三五〇〇村を対象に研修を行って「手洗いアンバサダー」というボランティアを育成

・「手洗いアンバサダー」の行うプログラムが適切な技術支援が得られる体制を整える

現地メディアの手洗いキャンペーン

・現地のマスメディアを通じたキャンペーンで、五歳未満の子どもを持つ母親の四〇%が正しい手洗いの情報に接する機会をつくる

こうした運動は現地政府、ユニセフの指導の下、スタッフやＮＧＯがパートナーとなって実施しました。活動状況をモニタリングし、評価と調査を続けて、下痢性疾患の改善状

ウガンダで実施した「一〇〇万人の手洗いプロジェクト」

況を把握し、子どもの生存と発達にどれだけの効果が出ているかを確認しました。

最新の状況では、家庭での石鹸を用いた手洗い普及率は二〇〇六～二〇〇七年の一四％から二〇一九～二〇二〇年には三八％と大幅に改善しました。学校でのトイレ使用後の石鹸を使用した手洗い実践率は、二〇一九～二〇二〇年には五八％と着実に増加しています。

サラヤのウガンダでの活動は、実は日本経済新聞の朝刊一面のコラム「春秋」でも紹介されました。二〇一三年一二月一日の記事です。せっかくなので少し引用させてもらいましょう。

「外から帰ったら、あるいは食事の前には、まず手を洗おう。小さいころ私たちが身につけたこの習慣が『輸出商品』になりそうだ。相手先はアフリカのウガンダ。せっけん会社のサラヤが三年前からユニセフと共に、まめに手を洗う習慣を普及させようと活動している」

当時まだアフリカでの事業の進め方を模索していた時期だったので、日経の記事で紹介されたことは、事業を後押しする応援団のように感じたことを覚えています。単にモノを輸出するのではなく、手洗いの習慣を普及させるという当社の考えをきちんと理解して記事にしてもらえたことはとても嬉しく思いました。

□ 援助からビジネスでの解決へ

ここに至るまでには様々な苦労がありました。

二〇一一年には、元ウガンダ青年海外協力隊の若者をスカウトして、ウガンダの首都カンパラに現地法人サラヤ・イーストアフリカを設立しました。ウガンダ国産のアルコール手指消毒剤を病院に完備し、院内感染予防の役に立つビジネスを始めようとしたのです。援助からスタートしてビジネスで問題に対処することは、それがうまくいけば問題解決のインパクトは持続的であり拡大できるとの確信もありました。

事業が始まって二年目の二〇一二年に、病院やマタニティーセンターで「手指衛生推進、病院衛生管理の事業」をスタートしました。病院の手指衛生が認識されていない中で、妊婦の敗血症や新生児の下痢が多く、なかには死亡することもあることから病院衛生の維持は欠かせません。

そのため日本からアルコール手指消毒剤や機材を持ち込んで実証実験を行なおうとしたのですが、実施するための費用負担が問題になり、すぐには実行できませんでした。

そんな中、この計画は二〇一一年九月に独立行政法人国際協力機構（ＪＩＣＡ）のＢＯＰビジネス民間連携促進の助成金プログラムに採択されました。ＢＯＰはBase of the (economic) Pyramidの頭文字をとったもので、世界の所得別人口構成ピラミッドで、最下位層に位置する一人当たり年間所得が購買力平価で三〇〇〇米ドル程度以下の低所得貧困層を指します。人口規模が多いことが特徴で、発展途上国を中心に約四〇億人、人口比率で世界の七割程度が該当するとされました。

ＢＯＰビジネスはこうしたＢＯＰ層をターゲットとして、その市場規模を有望とみるビジネスで、主に途上国における社会的課題の解決を図ることを理念に置いていいます。政府の途上国支援や援助政策と関連した官民連携でのビジネスを目指すことが一般的です。水の浄化装置や衛生商品、医療支援、食糧・農業関連機器、ＩＴの技術支援など、社会貢献性の観点に立ったビジネス案件が対象となっています。

ＪＩＣＡの支援で費用面での問題が解決したことで、二〇一二年から二〇一三年の二年間でアルコール手指消毒剤の有効性について調査活動を実施したのです。

WHOは開発途上国も含めて世界の衛生的な手洗いを促進していて、アルコール消毒が感染予防には非常に有効だとしてきました。そこで、アルコール消毒剤をウガンダで生産する可能性を探ることにしたのです。

ウガンダは英国の植民地だった時代に飲酒文化が広がりました。多種多様な国産ビールのほか、ウガンダ ワラジというジンまで国内で生産していたのです。私は国産の蒸留酒が作れるならアルコール消毒剤も作れるはずだと考えました。ウガンダの人たちがアルコール消毒剤の重要性を理解していないだけだと思ったのです。

ウガンダ東部のジンジャ市にカキラシュガーワークスという八〇年以上続く砂糖製造会社があります。この会社は砂糖の製造過程で出る廃糖蜜を利用してアルコールを作るプロジェクトを推進していました。そこでこの会社がジンジャ市に所有する広い工場の一部を借りて、二〇一五年に小規模ながらアルコールの手指消毒剤の製造工場をスタートしました。

二〇一四年に西アフリカ諸国で起きたエボラ出血熱のパンデミックでは、このウガンダで現地生産したアルコール手指消毒剤が大いに威力を発揮したのです。

エボラ出血熱は、エボラウイルスに感染し、症状が出ている患者の体液（血液、分泌物、吐物、排泄物など）や患者の体液などに汚染された注射針などに十分な防護なしに触れた際、ウイルスが傷口や粘膜から侵入することで感染します。

エボラ出血熱は致死率の高さが特徴で、二〇％から最大九〇％に達することもあり、感染地域の住民に多大な恐怖を与えています。ただ、一般的に症状のない患者から感染したり、空気感染したりすることはありません。

エボラ出血熱の原因となるエボラウイルスは、最も危険度の高いバイオセーフティーレベル４（ＢＳＬ-４）に分類される病原体で、高度安全試験検査施設（ＢＳＬ-４施設）でしか研究や実験をすることができません。

ＢＳＬ-４施設は世界中で二〇数カ国に六〇施設以上が存在しますが、日本国内のＢＳＬ-４施設は、約四〇年前に建設された国立感染症研究所が東京都武蔵村山市で稼働する施設が唯一で、診断と治療目的にのみ使用が認められています。ＢＳＬ-４病原体の研究を進め、万が一の国内発生に備えるために、最新設備を備えたＢＳＬ-４施設の建設が必要ということで、現在、国立大学法人長崎大学の感染症共同研究拠点がＢＳＬ-４施設の稼働に向けて準備を進めています。危険なウイルスだからと恐れるだけでなく、研究や治療方法を確立し、感染拡大を防いでいくことは非常に重要なのです。

このように世界中で恐れられているエボラウイルスですが、アルコール消毒には非常に弱いという特徴があり、アルコール手指消毒剤が非常に有効であることがわかっています。

適切に感染制御や治療を行えば、エボラ出血熱の感染拡大を防ぐことは可能なのです。ウガンダは西アフリカ諸国でのパンデミック以前に、エボラ出血熱を制圧したことがある国です。二〇〇〇年には感染者四二五人を出し、うち二二四人が死亡するというパンデミックが起きました。その後、知見を積んで、最近では感染が起きても数人で封じ込める手順が確立されています。

アルコール消毒を行うというその時の経験を生かし、ウガンダで生産されたアルコール手指消毒剤が西アフリカ諸国のエボラ出血熱対策に使われたのです。

サラヤ・イーストアフリカでは病院の院内感染を予防することを目的とした医療器具の洗浄消毒も進めていて、二〇一六年にはケニアに販売会社を立ち上げ、ウガンダとケニアで事業の相乗効果を目指しています。

□ アフリカでの事業活動

サラヤが今後アフリカでビジネスを展開し、安定して収益を上げて発展するには、それなりの企業規模を確立する必要があります。そのためには衛生に加え、食品衛生や公衆衛

ウガンダの首都カンパラに開店した日本料理店の「YAMASEN（やま仙）」

生、そのほか複合的な事業開発を行う戦略に切り替えていきます。

二〇一八年にウガンダの首都カンパラに開店した日本料理店の「YAMASEN（やま仙）」にはサラヤも出資しています。

「和食：日本人の伝統的な食文化」がユネスコの無形文化遺産として登録されたのが二〇一三年。日本の食文化は海外でも注目され、和食を提供するレストランは世界中に増えてきましたが、ほとんどは日本人の海外駐在員が多く住む大都市に集中しています。

YAMASEN（やま仙）はハイエンド層をターゲットに、手まり寿司など本格的な創作和食を提供するレストランです。代表の宮下芙美子さんは、二〇一二年に農業ベンチャー企業の社員として初めてウガンダを訪れ、二〇一四年に同社の現地法人の代表となりました。総料理長を務める山口愉史さんと結婚して、YAMASEN（やま仙）を経営しています。

ウガンダの首都とはいえカンパラは日本料理店の経営に適した環境とはいえません。特に、鮮魚や新鮮な野菜を定期的に入手することが困難なことに加えて、日本に比べて衛生状態も悪い状態です。

こうした状況を聞き「東アフリカにおける食品衛生事業」のモデルケースになるのではないかと考え、出資することにしたのです。二〇一九年には実証実験として、ケニアのモンバサ港で魚を加工し、それを急速冷凍機のラピッドフリーザーで冷凍することで鮮魚のコールドチェーンを構築し、YAMASEN（やま仙）で日本食として提供するほか、東アフリカの市場に新たな価値と可能性を提供することを考えています。

二〇一〇年にウガンダから始まったアフリカでのビジネスは、徐々に規模を拡大しています。

二〇一九年には、アフリカの風土病であるスナノミ症に対する感染対策ローションの開発をケニアで始めました。スナノミはノミの一種で、人や動物の足に寄生し、卵を産み付けて孵化することで皮膚が壊死してしまい、進行すると歩行困難や最悪の場合死に至る熱帯病の一種です。ケニアには約一四〇〇万人の患者がいるといわれ、その六割は子どもです。

現在は治療薬の開発を進め、ケニアやウガンダで効果検証を行っているところです。

北アフリカでは、二〇一八年にチュニジアで天然精油の開発と加工と、エジプトにおけるホホバ油の開発と加工の事業をスタートしました。ホホバは砂漠地帯に生える希少な植物で、その油は人間の肌の油に近く、化粧品原料としても有用な素材です。それにチュニジアの花や植物から採れた精油を加え、商品化を目指しています。

衛生に加え、健康や環境の切り口で、アフリカの開発に協力し、ひいてはSDGsの「誰一人取り残さない」という理念を実現するため、少しでもビジネスを通じて協力したいというのが私の思いです。アフリカは日本からは遠く、事業には困難な面もありますが、幸いなことにサラヤの社員を含め、日本の心ある若者たちがアフリカ開発を目指して頑張ってくれています。

□これからの成長市場アフリカ

二〇一〇年からスタートした「一〇〇万人の手洗いプロジェクト」は、SDGsの一七の目標のうち目標三「すべての人に健康と福祉を」、目標六「安全な水とトイレを世界中に」、目標一七「パートナーシップで目標を達成しよう」に寄与するもので、安全な水や衛生設備だけでなく、石鹸を使った正しい手洗いを普及する活動を継続して支援しています。

二〇一〇年以降、ウガンダの水と環境省の管轄下にある「全国手洗い事務局」を支援し、下痢性疾患や呼吸器疾患の罹患率を減らすための正しいタイミングでの手洗い習慣を促進してきましたが、二〇二〇年、新型コロナウイルス感染症の流行の影響を受け、活動内容を大きく変更しました。

新型コロナウイルス感染症の流行は、ウガンダ国内においても感染症予防の一つとして、石鹸を使用した手洗い活動を拡充する機会をもたらしています。

これまでの活動で、ウガンダの家庭で石鹸を用いた手洗いの普及率は二〇〇六〜二〇〇七年の一四%から二〇一九〜二〇二〇年に三八%になりました。学校でのトイレ使用後の石鹸を使用した手洗い実践率は、二〇一九〜二〇二〇年には五八%と着実な増加を見せています。

ウガンダで石鹸による手洗い普及率が相対的に低いのは、資金が限られていて手洗いの促進活動を広く行えないのが理由の一つでした。しかし、新型コロナウイルス感染症のパンデミックを機に、ウガンダ国民が正しいタイミングでの手洗いが重要であることを改めて認識し、実践するようになったのです。

途上国でビジネスを行う際に欠かせないのは国連組織との連携です。先進国のように社会秩序が整っていない国や政情が不安定な国も多いので、安全を確保する方法として現地の事情に通じた国連組織の活動を支援する形をとるわけです。

サラヤがウガンダで始めた「一〇〇万人の手洗いプロジェクト」も、日本ユニセフ協会との出会いがきっかけでした。ウガンダでの支援には緊急性があり、しかも途上国でのビジネスモデルを構築するという目算に合っていたのです。ウガンダでの活動は、商品を販売して利益を上げることよりもアフリカでの長期的な事業戦略を構築するための実験という位置付けでした。

もちろん利益が出ないままでは活動を維持できませんので、最低限の利益を確保した上で、いかにビジネスを展開していくかを考えたのです。

国連の人口統計（中位推計）によると、二〇一八年のアフリカ大陸の人口は一二億七六〇〇万人で、世界の一七%を占めます。二〇二〇年代には人口でインド、中国を追い抜くとみられ、二〇三〇年には約一七億人に達して世界人口の五人に一人、二〇五〇年には約二五億人となって四人に一人がアフリカ人になるという急速な増加が見込まれます。

長期的に見れば発展途上国が大きく経済成長する可能性は高く、この市場でビジネスを展開するには、成長が始まり出した早い時期に進出することが重要になります。

国際通貨基金（ＩＭＦ）が二〇二一年に発表した「地域経済見通し（サブサハラ・アフリカ）」では、サハラ砂漠以南のサブサハラ・アフリカ地域の二〇二一年と二〇二二年の実質ＧＤＰ成長率の見通しをそれぞれ三・七％、三・八％としました。アフリカ経済は新型コロナウイルス感染症に影響されやすい状況ですが、将来アフリカはアジアに次ぐ巨大市場になると目されています。

広大なアフリカ大陸には大小様々な五五カ国・地域がそれぞれ市場を形成しています。北アフリカのアラブ経済圏とサブサハラ地域でも文化や経済圏が異なり、大陸全体を一つの市場として捉えるのは難しい状況でした。そんな中二〇一九年にアフリカ大陸自由貿易圏（ＡｆＣＦＴＡ）設立協定が発効しました。

同協定が本格的に運用されるようになれば、アフリカには一二億人を超える世界でも最大級の市場が誕生することになります。

日本の労働人口（一五〜六四歳）の比率は二〇二〇年の五九％から二〇五〇年には五一％まで低下しますが、アフリカでは五六％から六二％に上昇すると予想されています。労働人口の増加と単一市場の形成は、アフリカ市場に向けて事業を行う根拠になっています。アフリカには豊富に産出される天然資源や鉱物資源が眠り、これから開発が進むことも予想されています。

その一方で長い間、未開の地として取り残されてきたアフリカには、豊かな自然が残り、アフリカ中部のコンゴ盆地に広がる熱帯雨林は、南米アマゾンに次いで世界で二番目の広さを持ちます。

国立公園など保護地域には数多くの野生動物が生息し、貴重な生態系が維持されています。経済成長と自然保護・環境維持をいかに両立していくか、これまで多くの国々が頭を悩ませてきた同じ問題にアフリカ諸国もこれから直面することになるのです。

日本からはるか遠くのアフリカは、経済状況や市場環境などが日本とは全く異なり、同じように事業を行っていくのは困難な面もあります。ただ、逆に見れば新しいビジネス・チャンスがあるということなのです。

ＳＤＧｓの「誰一人取り残さない」という理念を実現するため、少しでもビジネスを通じてアフリカの人々や社会に貢献したいと願っています。

医療現場の感染予防に寄与

手洗いのための石鹸やアルコール手指消毒剤に始まる衛生商品の開発は、サラヤにとって重要な事業の柱となっています。

一九五〇年代から一九六〇年代にかけて、衛生商品の分野で薬用手洗い石鹸液「シャボネット」「コロロ自動うがい器」を発売したのはその流れの開発です。

シャボネットの発売当初の商品名は「パールパーム石鹸液」です。ヤシ油を原料に、殺菌成分ビオゾール（イソプロピルメチルフェノール）を配合し、手洗いと同時に殺菌・消毒のできる石鹸液「パールパーム石鹸液」と石鹸液を衛生的に供給する容器「押出・押上式」石鹸容器を一九五二年に開発しました。日本で初めての薬用石鹸です。

後継品として「シャボネット石けん液」を一九五六年に発売しました。緑色の石鹸液を水で七～一〇倍に希釈してから容器に入れ、手指を洗う際に使用して殺菌、消毒、洗浄をします。学校や公共施設のトイレなどに設置されて全国に普及しました。

一九六〇年代に入って高度経済成長の反動で大気汚染が広がるなか、小学校などでの公害対策、光化学スモッグ対策として利用されたのが一九六六年に発売したコロロ自動うがい器です。

こうした流れは一九七九年に登場した「ハンドサニターS」として結実します。今では当たり前のようになっている速乾性手指アルコール消毒剤の誕生です。「ハンドサニター

S」は、容器を上から押すと手指消毒成分に速乾性のためにアルコールを加えた消毒液が噴霧される仕組みです。それまでの消毒法に比べて手軽に手指消毒が行えるということで、衛生管理が飛躍的に進歩しました。

ハンドサニターSは公衆衛生の分野だけでなく、医療現場での感染予防に使ってもらえる手指消毒剤です。新型コロナウイルスの感染症が流行したことで、今でこそアルコール手指消毒剤を一般の家庭でも使用するようになりましたが、それまでは医療現場での手指消毒のやり方はベースン法（浸漬法）という消毒法でした。ベースンというのは洗面器やボウル状の入れ物のことで、クレゾールや塩化ベンザルコニウムなどの薬液を充たした洗面器に手を浸して消毒をしていたのです。

ベースン法にはいくつか欠点がありました。容器に入れた同じ薬液に何度も手を浸すため、使っているうちに殺菌効果が落ちてしまうのです。薬液の効果が落ちていることがわかりにくいことに加えて、共有した容器に入れた薬液を複数の医療従事者が使うことで、液に溶け込んだ微生物やウイルスが手指に再付着して交差感染を引き起こす恐れがあったのです。患者ごとに頻繁に薬液を交換するのであればともかく、繰り返し使用することは推奨されませんでした。

こうした問題を解決したのがハンドサニターSです。ボトルの上部を押すと真上に新しい消毒剤が噴霧して手軽に手指を殺菌消毒することができたのです。

このことで、同じ薬液を何度も使用するベースン法とは異なり、消毒するごとに新しい薬液が出るため交差感染の恐れが減り、消毒剤自体は容器に封入されているため効力が落ちる心配もなかったのです。

ハンドサニターSの登場で、サラヤの速乾性アルコール手指消毒剤は殺菌効果の良さや利便性の高さなどから、医療機関での認知度が高まりました。ただ、アルコール手指消毒剤が医療現場に本格的に普及するのは、一九九七年に起きた腸管出血性大腸菌O157による食中毒事件以降まで待つことになります。

ハンドサニターS以降、アルコール消毒剤を便利に衛生的にご使用いただくため、一九八二年に「自動手指消毒器」を開発し、現在まで自動化の流れは続いています。また、一九九〇年には医療分野向けにさらに工夫を凝らし、従来品より低刺激で、しかも殺菌力と効果持続性は一層高めた「ヒビスコール液A」を発売しました。

ハンドサニターSでは薬液を真上に噴霧するため、手指についたアルコールの一部が容器に戻ってしまう懸念がありました。これを改良したのが自動手指消毒器で、薬液を斜め下方に噴霧するため、手指についたアルコールで薬液や器材が汚染されることなく、清潔に保つことができるようになったのです。

前述のように、ヒビスコール液は本格的な医薬品として発売しました。エタノールにクロルヘキシジングルコン酸塩の有効成分を含有する速乾性手指消毒剤で、殺菌力と効果持続性を高めてあり、湿潤剤としてアジピン酸ジイソブチル、アラントインを配合することで手荒れ軽減に配慮しています。ポンプ式の容器に薬液を入れていて利便性も高まりました。

医療が進歩する一方で、病院内での院内感染は大きな問題となっていました。一九九〇年にはMRSA（メチシリン耐性黄色ブドウ球菌）の院内感染で患者の死亡事故が大きく報道され、病院内の消毒の重要性が再認識されました。

黄色ブドウ球菌は非常にありふれた菌で、私たちの髪の毛や皮膚、鼻の粘膜、口腔内、傷口などにもよく付着しています。基本的には弱毒菌のため抵抗力があれば、特に重症化することはありません。MRSAはこの黄色ブドウ球菌の仲間で、性質は黄色ブドウ球菌と一緒ですが、新しい抗生物質のメチシリンに耐性遺伝子を持っており、菌を殺す効果のあるこの抗生物質が効きにくくなりました。

MRSA感染症を起こすのは、一般的に抵抗力のない患者です。手術直後だったり、血管内にカテーテルを挿入していたり、長期間の抗菌薬や抗がん剤による治療を受けていたり、免疫不全の患者だったり、未熟児だったりして菌に対する抵抗力が落ちていると、M

RSAに感染しても治療が思うように進まず、重症化するケースでは患者の抵抗力だけが頼りになります。そこで最悪の場合、重症化して敗血症、髄膜炎、心内膜炎、骨髄炎などで死亡することもあります。

病院にいる健康な医療従事者は抵抗力があるためMRSA感染症が発症することはありませんが、MRSA患者のケアをした医療従事者の手指を介して抵抗力の弱いほかの患者に伝播し、MRSA肺炎や敗血症等のMRSA感染症などの院内感染が多発しています。

医療従事者の行動を通じて、抵抗力の弱い患者にMRSAを伝播させないためには手指衛生が大変重要になります。MRSAには抗生物質が効きにくいのですが、アルコールなどの消毒薬はよく効きます。手洗いに加えて、手指消毒剤を使うことで、院内感染を減らすことができるのです。今はMRSAだけでなく多くの耐性菌が出てきているのも気になります。

その後、病原性大腸菌、SARS、ノロウイルスなど、大規模な院内感染が社会問題化するたび、サラヤの速乾性アルコール消毒剤の需要は増えていきました。洗い清める商品を作って感染予防に貢献するというサラヤの事業の原点が、速乾性アルコール手指消毒剤の開発でも生かされたのです。

手指消毒は、病院での院内感染を防ぐためだけではありません。二一世紀に入ってたびたび起きている豪雨災害や、各地での震災など大きな災害が起こるたびに、サラヤでは災害後の感染予防のための体制を構築しています。例えば、二〇一一年三月一一日に発生した東日本大震災では、避難所でサラヤの衛生商品を利用していただき、感染症が拡大することを阻止しました。その後も二〇一四年の広島県の集中豪雨による土砂災害、二〇一六年に熊本県で発生した熊本地震などの際に避難所での感染症予防に取り組んでいます。水が貴重な被災地では、水を使わずに消毒ができるアルコール手指消毒剤は大変有効なため、防災必需品になりました。

そして二〇二〇年に世界中で広がった新型コロナウイルス感染症の対策としても、アルコール手指消毒剤は大変有効でした。

さて、ウイルスには種類があり、「脂質二重層膜エンベロープ」のあるウイルス（エンベロープウイルス）と、エンベロープのないウイルス（ノンエンベロープウイルス）に分けられます。

新型コロナウイルスは遺伝情報としてRNAをもつRNAウイルスの一種（一本鎖RNAウイルス）で、粒子の一番外側に「エンベロープ」という脂質からできた二重の膜を持つエンベロープウイルスの一つです。自分自身で増えることはできませんが、粘膜などの細胞に付着して入り込んで増えることができるウイルスです。

ウイルスは粘膜に入り込むことはできますが、健康な皮膚には入り込むことができず表面に付着するだけといわれています。物の表面についたウイルスは時間がたてば壊れてしまいます。ただし、物の種類によっては二四〜七二時間くらい感染する力を保つといわれています。

エンベロープは、脂肪・タンパク質・糖タンパク質からできている膜で、ウイルスが増殖して細胞から飛び出してくるときに細胞の成分をまとって出てきたものです。エンベロープのあるウイルスは、アルコール消毒剤からダメージを受けやすいのに対し、エンベロープのないウイルスはダメージを受けにくく、アルコール消毒剤が一般的に効きにくい傾向にあります。

新型コロナウイルスの感染症対策に、流水による手洗いはたとえ水だけであったとしてもウイルスを流すことができるため有効ですし、石鹸を使った手洗いはコロナウイルスの膜を壊すことができるのでさらに有効です。手洗いの際は、指先、指の間、手首、手のしわ等に汚れが残りやすいといわれていますので、これらの部位は特に念入りに洗うことが重要です。

アルコール消毒剤は、アルコールがエンベロープ膜を壊してウイルスにダメージを与えるため手軽で最も有効です。手など皮膚の消毒を行う場合には濃度七〇％以上の消毒用アルコールをおすすめしています。事実、病院では八〇％のアルコール消毒剤が使われています。物の表面の消毒には次亜塩素酸ナトリウム（〇・一％）が有効であることがわかっていますが、腐食の懸念もあり、ガイドラインに沿って注意してご使用いただきたいと思います。

新型コロナウイルスの感染症はいったん収まったかと思うと、新しい変異株が登場して感染が再拡大するなど、世界中で一進一退が続いています。このような微生物と人類の戦いはずっと続くでしょう。

けれどもワクチン接種が広がり、経口薬が特例承認されるなど、対策の手段も増えてきました。また、日常の生活でも手指消毒や外出先ではマスクを着用するなど、衛生習慣は新しい生活様式として定着しました。

公共施設や大型集客施設には体温の計測器やアルコール噴霧器が設置されるようになりました。こうした需要に応えていくためにもアルコール消毒剤を噴霧するディスペンサーを自動化して大型化することも必要です。液を追加する頻度を下げるためにも大容量の消毒剤を提供するサービスも有用でしょう。このような開発に、サラヤは国際競争に負けないよう取り組んでまいります。

これからＤＸ（デジタルトランスフォーメーション）が進んでいく社会では、例えば手指消毒を誰が何回使ったかなど、様々な情報をディスペンサーから取ることも可能です。こうしたアルコール消毒剤のスマートディスペンサーを設置することで、多くの人が集まるスポーツイベントや音楽コンサートなどのエンターテインメントの場で人流の把握もでき、来場者の安心感を高めたり、感染予防につなげたりすることもできます。

社会の要請に応じて、素早い商品企画や商品開発、営業体制の構築や市場とのコミュニケーションが重要になってきます。手洗いから始まったサラヤならではソリューションを社会に提供していくことが使命だと考えています。

□ 医療機器の滅菌・殺菌に消毒剤を開発

「洗い清める」商品の分野では、従来とは全く異なる発想から生まれた商品も登場しています。

二〇〇一年に発売した医療器具・機器・装置専用の「アセサイド六%消毒液」は、従来品の課題を克服した、短時間・低温で効果が高く、安全性にも優れた内視鏡など医療機器用の化学的滅菌・殺菌消毒剤です。

それまで医療機器の殺菌消毒に使われていたのはアルデヒド系の消毒剤です。アルデヒドはアルデヒド基（ＣＨＯ）をもつ有機化合物の総称でＲ-ＣＨＯと表され、一般にはアルコール類（Ｒ-ＯＨ）を酸化して生成されます。代表的なものはメチルアルコールから「ホルムアルデヒド」（ＨＣＨＯ）、エチルアルコールから「アセトアルデヒド」（CH_3CHO）ができ、様々な化学製品を合成する際の重要な原料となります。ホルムアルデヒドを水に溶かして三七％水溶液にしたものが「ホルマリン」で、合成樹脂や接着剤の原料、防腐剤、殺菌剤などの用途に使われます。

　アルデヒドはタンパク質を固定して凝固し、また強い毒性があり、発がん作用もあるなど健康被害への強い懸念があります。

　またアルデヒドは、内燃機関（自動車のエンジンなど）の排気ガス、たばこの煙などにも含まれているほか、光化学反応により大気中の炭化水素からも生成され、光化学スモッグの指標である光化学オキシダントの成分の一つとなるなど、環境に対する負荷が非常に高いという問題を持っています。近年には、低温で使える機器消毒剤としてグルタラールアルデヒドの蒸散を抑えた「オルソフタルアルデヒド」系の商品も販売されていますが、健康被害への懸念は十分に払しょくされていません。

　サラヤが開発した「アセサイド六％消毒液」は、日本で初めて過酢酸を主成分とした医療器具類専用の滅菌・殺菌消毒剤です。アルデヒド系の消毒剤は、殺菌力・薬剤耐性菌の問題、滅菌・殺菌作用時間の問題、人体への安全性の問題などが指摘されており、これらを改善した高水準の消毒剤が望まれていました。

「アセサイド六％消毒液」は、過酢酸の強い殺菌力により、五〜一〇分という短時間で、広範囲の微生物・ウイルスを殺滅します。また過酢酸は自然に分解されて食用の酢の主成分と同じ物質に変わるため、人体に対する安全性にも優れています。排液は容易に酢酸と酸素に分解され、さらに酢酸は環境微生物により炭酸ガスと水に分解されて残留も少ないため環境に悪影響を及ぼすことはありません。

このアセサイドは、一九五〇年に世界で初めて実用的な胃カメラ（上部消化管内視鏡）を開発したオリンパス（当時はオリンパス光学工業）の内視鏡に高度消毒剤としてご利用いただくことになりました。オリンパスは製品開発を通じて培われた光学技術や電子映像技術をもとに世界最先端の消化器内視鏡製品を生み出し続けることで圧倒的な世界トップシェアを維持しておられます。

構造の複雑な軟性内視鏡の洗浄・消毒のためにサラヤのアセサイドが専用の滅菌消毒剤（医療用医薬品）として採用され、オリンパスが発売した内視鏡洗浄消毒装置「ＯＥＲ-２」に組み込まれたのです。「アセサイド六％消毒液」は、非アルデヒド系薬剤として毒性が低く安全性が高いだけでなく、タンパク凝固がなく洗浄・消毒レベルを向上させています。

それまで使用されていたアルデヒド系消毒薬であるグルタラールは発がん性の懸念が指摘され、ちょうど新しい消毒剤が模索されていた時期でもありました。アセサイドはグルタラールに比べて消毒時間を大幅に短縮可能でした。例えば、結核菌を殺滅するためグルタラールは一五～四五分が必要といわれていますが、アセサイドならわずか五分で殺滅可能です。高い消毒効果を持ちながらも毒性が低く、環境に優しいのがアセサイドだったのです。

「アセサイド六％消毒液」は新薬申請というサラヤにとって未経験の高いハードルを開発開始から三年半がかりで乗り越え、二〇〇一年に日本で新規医薬品の認可を受け、二〇〇三年には世界最大の医療市場である米国での製造販売の認可も取得しました。

内視鏡の消毒剤で競合となるのは世界最大級のヘルスケアカンパニーであるジョンソン・エンド・ジョンソンですが、公衆衛生を増進する手指消毒剤から医療機器の殺菌という専用商品まで、人体と自然に優しい商品の開発を手掛けてきたサラヤの取り組みは、決して引けを取ることはないと思っています。ちなみにジョンソン・エンド・ジョンソンは、この部門を既に他社に売却しました。

サラヤの米国の関連会社にベストサニターズという企業があります。一九九五年に米カリフォルニア州で創業したアルコール除菌剤などを製造する企業です。サラヤの事業と関

米国の関連会社ベストサニターズのケンタッキー工場

連性が高く、創業者のヒラード・ウィット社長と相性も良かったことから、資本提携しました。二〇〇六年にはケンタッキー州ウォルトンに工場を設立し、「アセサイド六％消毒液」をはじめとする商品を北米地域に届けています。

ヨーロッパは、ドイツ、フランスをはじめとして、またWHOにおいても、院内感染のガイドラインを出すなど感染予防の先進地域です。サラヤは二〇〇四年からベルギーに支店を置き、小規模ですがマーケティング調査も兼ねて衛生関連商品とサービスを提供してきました。

ヨーロッパ地域でビジネスをすることにより、サラヤの技術や商品はさらに切磋琢磨され、市場に勝ち残っていけることを確信しています。

二〇一七年には、フランス東部にある家庭用・業務用衛生関連商品の製造設備と販売ネットワークおよび物流網を持つアベニール・デタージェンスを買収しました。二〇一八年からサラヤ・ヨーロッパとして子会社化して、ヨーロッパ諸国における衛生関連商材の販売とサービス提供の強化に乗り出しています。

アジア地域においても、同様に各国に販売・製造拠点を築き、医療分野における商品とサービスの普及に努めています。

特筆すべきは、二〇一五年に中国の医療器具のリーディングメーカーの新華医療社と合弁会社をつくり、手指消毒剤や医療用ワイパーの製造販売を始めたことです。当社の一〇〇％子会社であるサラヤ上海のマーケティングと相まって、広大な中国市場にもサラヤのシェアを高めたいと思います。

また東南アジアにおいては、サラヤ・マレーシア、サラヤ・タイランドなどの子会社を中心に手指消毒・院内感染予防のビジネスを進化させています。

さらにインドのサラヤ・ミステア、エジプトのサラヤ・ミドル・イーストなどから中近東マーケットなど、世界的な販売網と感染予防知識の流通に対応しています。

□ 洗浄剤の新発想から生まれたソホロ

様々な殺菌や洗浄の分野で商品を作り続けてきたサラヤが、新しい発想で生み出したのが「ソホロン」です。二〇〇一年九月に発売したソホロンは、世界で初めて微生物が生産する天然界面活性剤（バイオサーファクタント）の一つであるソホロリピッドを配合した食器洗い機用洗剤です。他社製品などで幅広く使用されている生分解性の低いブロックポリマー型界面活性剤を一切含まない新しい環境対応型の製品となりました。

ソホロンの洗浄成分であるソホロリビッドは、食用油を原材料として天然酵母の発酵により生成する一種の「食品」です。そのため安全性が極めて高く、人体に摂取しても何も問題ありません。

ソホロリピッドの新発想は「食品で洗浄する」というもので、高い安全性を維持した全く新しい洗浄成分なのです。

ヒトの体が脂肪を吸収する仕組みは、肝臓で作られた胆汁酸が十二指腸で分泌され、脂肪を乳化して酵素による消化を助けています。同じように酵母などの微生物は水に溶けにくい油脂を栄養として取り込みやすいように、自ら界面活性物質を分泌します。このような天然界面活性剤は、一般に「バイオサーファクタント」と呼ばれています。サーファクタント（ｓｕｒｆａｃｔａｎｔ）とは英語で界面活性剤のことであり、バイオサーファクタントとは生物が作り出す界面活性剤のことです。

界面活性剤は分子内に油になじみやすい親油基（疎水鎖）の部分と、水になじみやすい親水基を併せ持つ分子種をいいます。この構造が本来、水と油のように混じり合わないものを混ぜ合わせるのに役立ち、汚れを落とす洗浄の働きをするのです。

合成界面活性剤には多くの種類があり、「植物系合成界面活性剤」と「石油系合成界面活性剤」に分かれます。石油系合成界面活性剤は安価に手に入る石油由来の界面活性剤が含まれていて、安く大量生産できて高い洗浄力を実現できることから、安価な洗剤などの生活用品の原料に使用されています。

「食品で洗浄する」という
コンセプトの洗浄剤ソホロン

ソホロリピッドは植物系合成界面活性剤とも石油系合成界面活性剤とも違って、残留性がほとんどなく、野菜などの食品を安全に洗える天然洗浄剤としても使うことができるのです。

ソホロリピッドのサラヤの原料としての商品名であるソホロは、天然酵母が発酵することによって生み出した天然成分です。糖類と植物油（パーム油）を栄養にして発酵し、酵母が分泌したバイオサーファクタントを精製・分離したものです。強力な洗浄力がありながら、環境中の生態系で全て生分解され、二酸化炭素と水に分解されます。発酵食品と同じくらい人体には安全です。

界面活性剤を加えることで水の表面張力は小さくなり、小さいほど洗浄力が強くなります。ソホロリピッドが実用化されたことで、看板商品であるヤシノミ洗剤で切り開いた「地球に優しい洗剤」という分野を広げていくことができるのです。

食器洗浄機やドラム式洗濯機用の洗剤には、泡立ちすぎて機械の中に泡が詰まったり、泡が外に漏れ出してしまったりすることを防ぐため、泡立ちを抑える成分が配合されています。ソホロはもともと発泡しにくい低起泡性のため、環境負荷の高い泡立ち調整剤を添加する必要がないのです。

ソホロには洗浄に好都合な性質がいくつもあります。まず、ソホロ自体が低起泡性だということです。さらにソホロには酸型とラクトン型があり、この二種類のバランスを調整することで起泡性を調整することができます。

さらに水道水と同等というすすぎ性の良さも特長で、他の界面活性剤に配合することで、すすぎ性を改善することができます。このことでソホロを用いた洗浄剤の後残りはほぼゼロに近いという特徴が生まれました。

ソホロリピッドの開発を始めたのは一九九六年のことです。二〇〇一年に食器洗い乾燥機専用の洗剤として商品化するまでに五年かかりました。ソホロリピッドの商業化に成功したのはサラヤが世界で初めてです。

現在ソホロリピッドは、先進的なエコ洗剤「ハッピーエレファント」ブランドなどサラヤの多くの商品に配合されています。安全性の高さと環境負荷が小さいことから、その用途は洗剤以外にも化粧品や医薬品など多岐にわたり、原料としてソホロの販売も行っています。

自然由来の天然界面活性剤であるソホロリピッドは洗剤としてだけでなく、様々な用途に使えます。生体への安全性が高いという特徴を生かし、再生医療における細胞の超低温（マイナス一九六度）下での保存において細胞の損傷を防ぐ凍結液としてソホロを使う研究を大阪大学と進めています。

これは大阪大学が進める産学連携「クロスイノベーション イニシアティブ」で、大学院医学系研究科の澤芳樹教授（心臓血管外科）と宮川繁特任教授（最先端再生医療学共同研究講座）とともに、心筋細胞シート作成時に用いるiPS由来心筋細胞の細胞保存液に関する共同研究を行っているものです。

再生医療は病気やけがで失われた器官や機能を、人体が持つ細胞や再生能力を利用して治療する医療です。医療機器や医薬品に頼ることなく、失われた体の一部や機能そのものが回復するため、既存の医薬品では治療が難しいものや、治療法が確立されていない疾病に対して、新たな治療法となる可能性があります。

従来、凍結液には非プロトン系極性溶剤のジメチルスルホキシド（ＤＭＳＯ）が使われてきました。ジメチルスルホキシド自体は毒性は低く安全性は高いのですが、皮膚への浸透性が非常に高く、他の物質が混入している場合、その物質の皮膚への浸透が促進され、分化誘導や細胞毒性の懸念があります。

ソホロは細胞に有害な影響を及ぼす細胞毒性が低く、糖脂質であることから細胞への分化影響が少ないと予想されています。「細胞に優しい保存液」としての応用が期待されているのです。

二〇一四年に施行された「医薬品・医療機器等の品質、有効性及び安全性の確保等に関する法律」では、医薬品や医療機器とは別に「再生医療等製品」を新たに定義し、基礎研究から臨床段階まで一貫した研究開発助成を行うなど、国としても再生医療の実用化を推進する取り組みを実施しています。

サラヤが進めている安心・安全な新素材研究を生かし、ソホロを活用して再生医療の発展および実用化に貢献できると考えています。

食品としても使えるソホロリピッドという物質で洗浄するという考えは、環境負荷を最大限に配慮し、自然や人体への安全性が問われる二一世紀の社会にはとても重要なことといえるでしょう。人と自然が調和した持続可能な循環型社会を築いていくためには、長期的な視点に立って社会から必要とされるような商品を開発する企業になることが大切なのだと思います。

□衛生管理のためのコミュニケーション

食品を扱う仕事では、何よりも「食の安全と安心」が重要です。サラヤはこれまで食品衛生を高めることに貢献する商品を提供してきましたが、食品業界と付き合ううちにもっと現場の衛生管理に役立つ情報の提供サービスが必要だと感じるようになりました。

そのため、社内に「食品衛生インストラクター」の制度を立ち上げました。飲食店からスーパーマーケット、食品工場や学校給食センターなどフードチェーンに関わるお客様の衛生管理をサポートしています。

インストラクターは衛生管理のスペシャリストとして国内外で活躍する専門部隊です。社内で規定された厳しい認定基準に合格したメンバーのみがインストラクターとして業務を行えます。また認定後も継続的な研修を通じて、各インストラクターがレベルアップしていく仕組みを構築しています。

例えば、食品衛生の現場では、調理器具の効果的な洗浄と殺菌の方法を提案するマニュアルを作成し、そのマニュアルに沿った実演を行なってアドバイスをしていきます。衛生管理の重要性を理解してもらうための指導や、啓発ツールの提供、衛生調査も行っています。

サラヤの検査室では、必要に応じて調理器具、食品、調理現場の微生物検査も行っています。検査結果に基づいて、洗浄方法の改善や製造工程の見直しなど、食品業界の衛生環境を向上させる提案をしています。

このシステム全体に対して、ＩＳＯ２２０００の認証も取得しています。ＩＳＯ２２０００は食品安全マネジメントシステムに関する国際規格で、別名をＦＳＭＳ（食品安全マネジメントシステム＝Food Safety Management System）といいます。

食品を製造する際に工程上の危害を起こす要因を分析し、それを最も効率よく管理できる部分を連続的に管理して安全を確保する管理手法であるＨＡＣＣＰ（危害要因分析と重要管理点＝Hazard Analysis and Critical Control Point）と、品質・環境管理に関する経営の仕組みから構成されます。食品衛生管理の手法をもとに食品安全のリスクを低減し、安全なフードサプライチェーンの展開を実現するというものです。ＩＳＯ２２０００の認証を取得したのは、食品衛生のサービス提供者としては、サラヤが日本で初めてでした。

さらにデジタルの力を活用して食品衛生のＤＸ（デジタルトランスフォーメーション）を進めるため、ウェブベースのトータル衛生管理システム「ＧＲＡＳＰ（グラスプ）」を提供しています。一般衛生管理からＨＡＣＣＰまで衛生管理を効率的にトータル管理できるシステムで、「GRASP-sanitation」「GRASP-HACCP」「GRASP-education」という衛生管理に必要な３つのシステムで衛生管理のＤＸ化を推進します。

食品業界以外にも、事業が関連する分野でコミュニケーションを取ることを重視しています。例えば、手指消毒など医薬品の分野では、感染症対策のセミナーや講習会などを開催しており、医療や福祉現場でのマニュアルづくりや衛生管理の運用の支援をしています。

単に商品を売るだけで終わりにするのではなく、商品を使う現場に対して使い方やそれにまつわる様々な情報を提供してコミュニケーションを取ってサラヤの商品を知ってもらうことも大切なサービスだと考えています。

6 カロリーゼロの甘味料で全ての人に健康を

近年、健康な身体づくりのために糖質を適切に摂取することが注目されるようになってきています。

サラヤが一九九五年に発売した「ラカントS」は、中国の桂林で自生する羅漢果（らかんか）を原料としたおそらく世界初のカロリーゼロの甘味料です。羅漢果は、中国では昔から神様の食べる「神果」や「僧侶の果物」と呼ばれ、不老長寿の秘薬として重宝されてきました。これを、まずは糖尿病の方々にお勧めする天然素材使用のゼロカロリー甘味料として開発したのです。

厚生労働省が二〇一六年に実施した「国民健康・栄養調査」では、全国民のうち「糖尿病が強く疑われる者」は約一〇〇〇万人、「糖尿病の可能性を否定できない者」も約一〇〇〇万人いると推計されています。実に国民の約一六％が糖尿病の懸念を抱えていることになります。

厚生労働省の「人口動態統計の概況」によると、二〇一九年の一年間の死因別死亡総数のうち、糖尿病による死亡数は一万三八四六人でした。同じく二〇一九年時点の国民医療費は年間四四兆三八九五億円でした。糖尿病が進んで重度になって人工透析が必要な患者は二〇一五年末時点で約三二万五〇〇〇人いて、一人当たり月額四〇万円、年間総額約一・五七兆円（日本透析医学会の推計）もの医療費がかかっているとみられます。

日本初のカロリーゼロの甘味料「ラカントＳ」と原料の羅漢果

糖尿病は、インスリンというホルモンの不足や作用低下が原因で、血糖値の上昇を抑える働き（耐糖能）が低下してしまうため、高血糖が慢性的に続く病気です。血糖の濃度（血糖値）が何年間も高いまま放置されると、血管が傷つき、将来的に心臓病や失明、腎不全、足の切断といった、より重い合併症を起こすことがあります。

インスリンはすい臓で作られ、血糖を正常範囲に保つ役割をしますが、インスリンの作用不足により、血糖が高くなってしまうのです。

糖尿病になる要因は様々で、食生活などの環境因子と体質（遺伝）の組み合わせで起こると考えられています。糖尿病のうち、一型糖尿病はウイルス感染などが原因でインスリンの生成と分泌ができなくなってしまうものです。一方、二型糖尿病はインスリン受容体の数が減ったり反応が悪くなったりするインスリン抵抗性と呼ばれる状態が続き、血糖値が高くなることで発病します。

インスリン抵抗性が出てくる原因としては、主に遺伝、肥満、運動不足、高脂肪食、ストレスが挙げられます。インスリンの効き目が鈍くなることで肝臓や筋肉、脂肪細胞へのブドウ糖の取り込みがうまく行われず、グリコーゲンがどんどん分解されて血中のグルコース（ブドウ糖）が増え、高血糖状態が続いて糖尿病となるのです。

ラカントSは砂糖と同じように味わっていただける甘味料でありながら、血糖値を上げることがありません。成分が羅漢果という天然の植物由来の甘味料にエリスリトールという醗酵代謝物を組み合わせてできた植物由来一〇〇％であるため、合成甘味料と比べても健康リスクがない点も優れています。

□ 砂糖の代替として使われるラカントS

この商品の開発は、私の父の更家章太が糖尿病を患っていたことから始まりました。ラカントSには中国桂林の山奥に自生している羅漢果というウリ科の植物の果実を使用しています。この実から配糖体を抽出する技術やその規格をサラヤが確立し、特許を取得しています。この高純度配糖体は砂糖の三〇〇倍の甘さがあります。

サラヤは一九九八年に中国桂林市と共同ビジネスの契約（羅漢果甘味料開発プロジェクト覚書）に調印しました。当時の中国はまだ今日の経済成長が始まる前で、桂林の農民も貧しく、父の更家章太は「日本の企業が進出して、中国で古くから漢方として珍重されてきた羅漢果を独占してはいけない。桂林を活性化して農民の生活を向上させることを目的にビジネスを展開する」として、事業を始めました。

また、農薬などの残留懸念に対して農家と契約を交わしており、契約農家が栽培している羅漢果は、厳しい管理が行われています。二〇一五年に桂林に設立した桂林工場では、高品質で安全な羅漢果配糖体を抽出し、ラカントシリーズの原料として供給しています。

ラカントSには、羅漢果エキスにトウモロコシなどの発酵から得られる天然の甘味成分「エリスリトール」を加えています。エリスリトールは糖アルコールという物質で、キノコ類やワインなどにも含まれる植物性の甘味料です。ブドウ糖を発酵することで得られ、人体に吸収されてもほとんどそのまま排出されてしまうため、カロリーは実質ゼロです。血糖値を上げにくい特徴を持つ糖アルコールの中でも、全く血糖値を上げないのはエリスリトールだけです。

今では当たり前のように見かけるようになったカロリーゼロの甘味料ですが、日本で初めて羅漢果を製品化したのがラカントSなのです。「人工甘味料を使用しない」「カロリーゼロ」「砂糖と同じ甘さで使用量の換算不要」「加熱調理に使える」という開発コンセプトから生まれた甘味料なのです。

現代は世界的に肥満が急増しています。三月四日は「世界肥満デー」(World Obesity Day)に指定されていて、世界肥満連合(WOF)によると、二〇一六年の時点で肥満とされる体格指数(BMI)三〇%以上の肥満の成人の数は六億七一〇〇万人に上るそうです。BMIが二五以上三〇未満の過体重の成人の数は約十三億人で、世界の約二十億人が肥満か過体重ということです。

ちなみに世界保健機構（ＷＨＯ）の基準ではＢＭＩが三十以上を肥満と定義していますが、日本では日本肥満学会の定めた基準でＢＭＩ二二を統計的に最も病気になりにくい適正体重（標準体重）としています。ＷＨＯの基準でＢＭＩ三〇以上の人は二〇一五年時点で日本は男性四・四％、女性三・一％、米国は男性三五・五％、女性四一・〇％（男女共同参画局掲載データ）だそうです。

先進国だけでなく経済成長に伴って中国・東南アジアなどの新興国でも肥満が増え、糖尿病患者も急増しています。また、砂漠に囲まれ気温の高い中東では、外でスポーツをすることも少なく、イスラム教により飲酒を禁じられていることもあって、ジュースやコーラなどの飲料や甘い菓子、デーツ（棗《ナツメ》）を好むことも肥満の原因といわれており、糖尿病の罹患率はアラブ首長国連邦（ＵＡＥ）では国民の二割に上るとされています。

肥満と糖尿病の予防のため、全世界で血糖値を上げない甘味料が求められていて、これまでは人工甘味料がよく使われていました。アスパルテームやサッカリン、ネオテーム、スクラロース、アセスルファムＫなどの人工甘味料は、食品に甘みをつけるために使われる合成化学物質として、よく使われていました。

特にアスパルテームは、天然には存在しない化合物ですが、砂糖の一六〇～二二〇倍の甘味を持ち、少量で甘く感じられるため日本でも多く使用されてきました。米国、欧州、アジア、アフリカ、オセアニアなど多くの国で食品・ダイエット食品・医薬品などで使用されるほど普及しています。日本では一九八三年に食品添加物として認可されています。ただ、人工甘味料についてはいろいろ議論が出ていて風当たりが強まっています。

こうした状況下でエリスリトールは天然に存在する安全な物質として需要が増えています。ただ、エリスリトールの甘みは砂糖の七割ほどしかないため、ほかに甘みの強い物質と混ぜて、砂糖並みの味にする工夫が必要になります。

ラカントSは糖アルコールであるエリスリトールと羅漢果エキスといった二つの天然成分を配合したことで、砂糖と同じ甘さになるように調整してあります。家庭で使う砂糖に負けない甘さがありながら、健康のために安全なカロリーゼロの自然派甘味料ということができるでしょう。

ラカントSには顆粒の商品があり、料理や菓子の甘味料として使えるほか、ボトルに入った液体タイプもあります。

米国では二〇一五年にサラヤUSAという会社をつくり、販売を開始しています。最近の米国の自然派食品のキーワードの一つに「シュガーフリー」(砂糖が入っていない)があります。肥満や健康被害に対して、砂糖離れが急速に進んでおり、健康的であることに加えて、しっかりとした甘みがあり、おいしさと満足度を兼ね備えている甘味料が求められていたのです。ここにラカントはフィットしました。

天然の甘味料の代表には「ステビア」があります。ブラジルとパラグアイ原産の植物種ステビアレバウディアナの葉に由来する天然甘味料および砂糖代替品です。ステビアの甘みはとても強く、少量加えるだけで十分な甘みが味わえ、熱安定性、ｐＨ安定性があり、発酵性がありません。人体はステビアの配糖体を代謝しないため、非栄養甘味料としてカロリーはゼロです。原産地周辺の南米では古くから薬草として知られていました。

米国ではステビアを使ったシュガーフリーの飲料なども多く販売されてきましたが、残り味が良くないので、もっと良い天然のゼロカロリー甘味料が模索されていました。そんな状況下で登場したのがラカントです。ラカントの原料である羅漢果は、その実がつるつる頭のお坊さんに似ていることから「僧侶（ｍｏｎｋ）の果物」、米国ではモンクフルーツとして知られています。

◻丁寧な情報発信でファンづくり

日本ではラカントSの販売促進を進めるため、二〇年前から「ラカント」というブランドの成り立ちや商品の特徴を丁寧に説明し、単に商品を購入する顧客ではなく、ラカントという商品の「ファン」を増やしてブランド力を高めていく「ファンマーケティング」を進めてきました。

さらにインターネットを活用して、ウェブ上の情報発信やSNSの活用、インフルエンサーに手伝ってもらったことで、ファン自身がラカントの使い方を発信してくれるようになり、その結果として新たな顧客がラカントを手に取ってくれるという流れができました。新型コロナウイルス感染症拡大で緊急事態宣言が発出されたことから、自宅で料理を作る機会が増え、ラカントのファン層や影響力のあるYouTuber、料理家やアイドルタレントのようなインフルエンサーなどがラカントを使ったレシピ動画を投稿してくれました。

こうしたことをきっかけにラカントSを知ってもらう機会も増えており、サラヤの発信するラカントのSNSアカウントのフォロワー数は約六・九万人と、食品関連のアカウントの中でも上位に入るようになっています。

サラヤにとっても、こうしたファンとのコミュニケーションが重要であることを実感しています。

実はラカントを使ったメニューを提供する飲食店が東京の神宮前（渋谷区）にあります。

「神宮前らかん・果」（東京都渋谷区）で提供しているロカボコース

「神宮前 らかん・果」は、ラカントと天然素材を最大限に生かした身体に優しい食事を提供するカフェ・アンド・ダイニングです。

調理に砂糖を一切使用せず、甘味料や調味料はラカントシリーズを使用したヘルシーなメニューで、季節に合った旬の食事を提供しています。

サラヤの管理栄養士が「低糖質でおいしく、満足感があること」にこだわったディナーメニューの「ロカボコース」は、ボリューム感がありながら糖質は四〇グラム以下に抑えていて、糖質を気にせず気軽に食べられることから、健康に気を遣う人たちに好評をいただいています。

このラカントSは、サラヤが展開してい

るほかの商品群と比べて、「何でヤシノミ洗剤のサラヤさんが食品？」と異質に受け取られることがあります。確かにヤシノミ洗剤や速乾性アルコール手指消毒剤のような洗い清める商品がサラヤには多いのですが、私たちにとっては明確な方向性があります。

それらの商品には「きれいな流れをつくる」というコンセプトを貫いています。石鹸液やうがい薬、洗剤や消毒剤など、衛生に関する商品は言うまでもありませんが、ほかの商品にもこれは共通していると思っています。

例えばラカントSは人の血流を良くするという効果があります。糖尿病で血液中のブドウ糖の血糖値が高まると、血液の粘性が高まり、血流が悪くなります。糖尿病による血流の悪さが原因となって、脳梗塞や心筋梗塞、手指の壊疽、失明などの合併症が引き起こされます。

環境ビジネスは、社会のモノの流れを変えて良くする事業。

石鹸液などは、人の体の表面をきれいに洗い流すもの。

洗剤などは、人の使うものや食材などの汚れを落とし、きれいに洗い流すもの。

このように、サラヤの開発する商品や事業には、モノや世の中の流れをきれいにサラサラにするということがあるかもしれません。少しこじつけがましいのですが、創業者の父が育った熊野川の清流を企業文化のＤＮＡに持つサラヤが、サラサラときれいな流れにこだわっていることが、おわかりいただけたのではないでしょうか。

◻ラカント・アメリカとグローバルな展開、ビタレーザ事業

血をサラサラにして健康に貢献するラカントのビジネスは、アメリカでサラヤＵＳＡを通じて実践されつつあります。二〇一七年にスタートしたアメリカのラカントビジネスは、今や一〇〇億円に達する規模になっています。これまで、ＯＥＭ（相手先ブランドによる生産）をお願いしていましたが、二〇二二年には自前の工場をユタ州で設立するまでに成長しました。

また、同じく二〇二二年に竣工の予定であるエジプトの工場では、まずラカントのリパックの生産から始めて、中近東の市場に向けてマーケット拡大を目指します。

ラカントをメイン処方にして、低糖質食品の商品開発と販売を加速していますが、日本ではそれに加えて「ビタレーザ」事業を展開し始めました。ビタレーザは、イタリア語で「元気に」という意味で、栄養と運動を通じて、健康な生活を目指すプログラムとメニューの提供です。三重県の伊賀、大阪府の吹田、難波、箕面、愛知県の長久手で、まずスタジオ・ジムと健康キッチンを開設します。そして今後も全国展開しながら、そのノウハウ

を健康経営や施設運営、また食品販売のプログラムに生かします。

□「いのちをつなぐ」ためのビジネス

さて、二〇一二年から、企業スローガンを「自然派のサラヤ」から「いのちをつなぐ」に変更しました。

サラヤの事業分野である衛生・環境・健康という三つのビジョンを拡張していくと、どれも予防という側面があることがわかります。

衛生商品は感染症の予防、ラカントSは糖尿病の予防、自然派の商品作りは環境破壊の予防です。

人類が今直面している未曾有の危機を観て、持続可能な社会を実現するために、「いのちをつなぐ」という理念を選びました。

ヒトの健康を守り、地球の生態系の健康を守る、そのための商品とサービスを提供する企業という理念です。「いのちをつなぐ」ということは、創業以来の「清流の経営」と同じ理念です。

二一世紀のビジネスにおいては、サラヤの持つ「清流の経営」はますます必要になると

米国でのラカントビジネスの中心になるユタ州の工場

感じています。それはとりもなおさず、日本人が古くから育んできた清めや禊《みそ》ぎといった感性をビジネスで生かしていく時代になったということです。

そして、私たちが「きれいごと」の取り組みを実践し続けていくことで、地球とヒトの未来を守り続けることに貢献したいと考えています。

7 美しい海を未来に残すために

サラヤを創業した父、更家章太

私の父、更家章太が大阪でサラヤを創業したのは、まだ終戦の余燼の残る一九五二年四月のことです。父の出身は三重県の熊野市育生町で、私も本籍はそこに置いています。育生町は三重県と和歌山県の県境を流れる熊野川支流の北山川、そのまた支流の尾川川のほとりの山村で、猫の額ほどの耕作地に米や野菜を作っていましたが、そのかわり山域は広く、気候が温暖で雨も多いので、杉や檜を育てる山林業が昔から盛んでした。更家家も、三〇〇年以上前から山林業を営んでいました。祖父の富三郎が父親が七歳の時に亡くなり、祖母のきわに育てられました。

戦前ですが、父は三重県の松阪市にある松阪工業高校の応用化学科を卒業して、大阪にある近畿大学の前身の大阪専門学校の応用化学に就学していました。ところがあと半年で卒業という頃、いよいよ戦争が激しくなり、徴用されて豊橋の陸軍士官学校に入学し、即席の軍事教練を受けましたが、ちょうど戦地に赴く直前で終戦になりました。戦後すぐに大阪専門学校に復学し卒業した後、熊野の田舎に帰り、しばらくは山林業の手伝いと炭作りなどをしていました。しかし、むずむずと企業家精神が燃えてきて、叔父（父の義理の兄）の中定繁と、和歌山県勝浦で魚の仲卸を始めました。叔父は戦前大阪の水産会社で修行していたこともあり、戦後の食糧不足の中で、比較的容易に食品ビジネスができると思ったようです。これは一九四九年のころと聞いています。ところが、その会社が火事になり、その後の再建を叔父夫婦に託して、大阪に出てくることになりました。

大阪に出てどのような仕事をしようかいろいろ考えたようですが、ちょうど和歌山県の新宮に北岡さんという方がいて、「猫石竜虎丹」という代々漢方薬を作っていた方を誘って、一緒に紀勢線に乗って天王寺に出てきて、大阪市東住吉区で三恵薬糧という会社を始め、「大力」という漢方薬を作り職域販売を始めました。

さて一九四五年の終戦からまだ戦争の惨禍が癒えたわけではありませんでしたが、日本は一九五一年に吉田茂首相（当時）をはじめとする日本全権団が米サンフランシスコで、第二次世界大戦中に日本と戦争状態に入った連合国四八カ国の代表とともに「サンフランシスコ平和条約」に調印しました。この条約は一九五二年四月二八日に発効し、終戦後約七年間に及んだ連合国による占領が終結して、日本は主権国家として独立を回復しました。サラヤが創業したのはそんな年です。

当時まだ日本の山間の至る所に清流が流れ、当たり前の風景として日本人の心に根ざしていました。こうした澄んだ美しい清流は、山がちの地形で降雨に恵まれた日本の原風景といってもよいでしょう。

父が会社を始めた当時、衛生状態が良くなかった日本では赤痢が流行していて、戦後しばらく患者は一〇万人を超え、二万人近くの人が死亡していたそうです。

赤痢は患者や保菌者の糞便、それらに汚染された手指、食品、水、ハエ、器物を介して直接あるいは間接的に感染します。例えば畑で人糞を肥やしとしてまいていたものが井戸に入って飲み水を汚染したり、赤痢菌に汚染された水が野菜についてそれを食べた人が感染して広がったりしていました。

三恵薬量で漢方薬を作ったがなかなか売れないのでどうしようかと思っていたところに、当時都島にあった鐘紡（現カネボウ）の産業医の石川先生から「手洗いができて手指の殺菌もできる石鹸液ができないか」とご意見をいただきました。応用化学を学んできた父にとって比較的容易な課題に喜んで対応をしました。

父は前述のように現在の近畿大学である大阪専門学校で応用化学を学び、油脂と水酸化カリウム（苛性カリ）のような強アルカリを化学反応させると脂肪酸カリウム（液体石鹸）になることを学んでいたのです。

父は作った石鹸液をディスペンサー容器に入れて、容器の下を手で押すと石鹸液が出るように工夫し、「パールパーム石鹸液」という名称で販売しました。

製品ができると工場などで働くために集団生活する工員の衛生管理のために、全国の工場や寮などが採用してくれるようになり、やがて全国の学校でも手洗いのために使われるようになりました。学校でよく使われている緑色の薬用手洗い石鹸液「シャボネット」としてご存じの方も多いでしょう。

この石鹸液の原料として使っていたのはココヤシから取れるヤシ油です。自然の素材を使って手洗いの商品を作ること、これがサラヤの出発点でした。

この製品の本質を考えると、熊野川という清流で育った父の自然観が、サラヤという企業のＤＮＡに組み込まれているといってもよいのかもしれません。

清流は熊野川に限らず、私たち日本人の生活にとって非常に身近な存在でした。私たちの生活感覚には、清流の性質になじむような常識が根付いています。

・汚れを清めること

・自然に無理をかけないこと
・無駄を出さないこと
という三つは、日本的な常識といえるかもしれません。

汚れを洗い清めるということは、日本人の習慣となっています。神社や寺社で参拝する前に手水で汚れを洗い清めるという慣習はその一つです。

大陸を流れる大河のように何もかもすべてをのみ込んで、全てを押し流すのではなく、日本の河川は自然の山や森林のありように合わせてサラサラと清く無理なく流れていきます。

清流に流れ込むものは、河川の生態系の中でバランスを保ち活用されています。

美しい清流に対する感覚は、戦後の高度経済成長の中で失われ、河川にはコンクリートの堤が築かれ、生物が住みにくい改修が横行しました。

河川は農業の源となり、生物の住まいです。また陸の養分を海に運び、海の養分を生き物を介して陸に戻すことで、循環と繁栄の源になってきました。われわれはサラサラと循環が回るように心掛け、またこの循環を断たないようにせねばなりません。

「熊野川の清流がサラヤのＤＮＡ」というのは、清流の清さと循環に倣い、自然環境に寄り添いながら様々な商品を開発し続けてきた当社のミッションそのものなのです。

□手洗いから洗剤へ

石鹸で手洗いをする習慣により赤痢患者は徐々に減り、一九六〇年代半ばから激減して一九七四年には罹患者が二〇〇〇人を下回るまでになりました。

手洗い石鹸液は全国の工場や学校に広まりましたが、その売れ行きには季節差があるのが悩みの種でした。夏場には手洗いを励行して石鹸液もよく売れましたが、今と違って給湯器が普及していないため冬場は冷たい水で手を洗うことを嫌がって、石鹸液の消費量は落ち込みました。

冬場の売り上げの落ち込みをなんとかしたいと思った時にヒントになったのが、「うがいと手洗いで健康管理」という標語でした。

冬場に流行する風邪を予防するために、うがいなら冬場に安定した需要が見込めると考え、うがい薬の開発を始めたのです。うがい薬と合わせて一九六六年に完成したのは自動うがい器です。今でいうウォータークーラーのような器械で、水道水とうがい用の薬液が適正な濃度で混合されて出てくるという仕組みでした。

このうがい薬と自動うがい器は、全国の事業所や学校に受け入れられました。

石鹸液は手を洗うもの、うがい薬は喉を洗うものです。これらは清流で汚れを洗い清めるという点でも共通しており、こうした予防を目指した開発の方向性は今に続くサラヤの特色となっています。

一九七一年に誕生したのが「ヤシノミ洗剤」です。当初のヤシノミ洗剤は、外食業界や食品加工業界向けの商品で、とりわけ学校給食の市場で、野菜や食器などを洗浄する洗剤として使われていました。

当時は高度経済成長期で、日本全国で開発が進み、自然環境も大きく影響を受けて「公害」が問題になりました。

公害は環境基本法で、「事業活動その他の人の活動に伴って生ずる相当範囲にわたる(一) 大気の汚染、(二) 水質の汚濁、(三) 土壌の汚染、(四) 騒音、(五) 振動、(六) 地盤の沈下及び (七) 悪臭によって、人の健康又は生活環境に係る被害が生ずることをいう」と定義されています。

一般に公害といえば、日照阻害や通風阻害なども含むもっと広いイメージで捉えられる場合がありますが、法律で「公害」という場合は、大気汚染から悪臭までの七種類を指し、いわゆる「典型七公害」と呼ばれています。

大気汚染では、「光化学スモッグ」が問題になり始めていました。日本で光化学スモッグによる被害が初めて明らかになったのは一九七〇年とされています。私立学校の東京立正中学校・高等学校（東京都杉並区）の生徒四三人が、屋外での体育の授業中に目の刺激や喉の痛みなどの被害を訴え、東京都が調査して光化学オキシダントによるものと判明したことで注目されるようになりました。それ以降、日本国内では光化学スモッグが数多く報告されるようになり、光化学スモッグ注意報も頻発されるようになります。

光化学スモッグは、工場や自動車の排気ガスなどに含まれる窒素酸化物や炭化水素が、日光に含まれる紫外線により光化学反応を起こして変質し、オゾンなどが発生することで起こります。夏の暑い日の昼間に多く、特に日差しが強く風の弱い日に発生します。

世界で光化学スモッグが初めて発生したのは一九四〇年代の米国カリフォルニア州ロサンゼルスとされています。盆地のロサンゼルスは大気汚染物質が滞留しやすい地形条件で、人口が一九四〇年から一九五八年にかけて二倍に急増し、第二次世界大戦後の産業の拡大やモータリゼーションによる自動車の増加で大気汚染が深刻化していました。一時期は昼間でも薄暗くなるほどの高濃度のスモッグが発生し、呼吸器障害や催涙性の目への刺激などの健康被害が広い範囲で発生したといいます。

このような大気汚染は、一八世紀半ばから一九世紀にかけて欧州の産業革命により、石炭を燃料として使用することで深刻化しました。

英国ロンドンは霧の街として知られています。ビクトリア朝末期の一九世紀末には、英国が世界経済の覇権を握っていましたが、工業化が進んだロンドンでは石炭から出る煙によって空気が汚染され、建物は煤（すす）まみれになって人々の衣服は黒く汚れていたといいます。咳き込んで肺を病む人も多かったそうで、「霧の街ロンドン」は実は「大気汚染の街ロンドン」だったというわけです。

二〇世紀に入ってもあまり改善されず、一九五二年にはロンドンで発生したスモッグのせいで気管支炎、肺炎、心臓病などの患者一万人以上が死亡する史上最悪の大気汚染による公害事件が発生しました。この事件は、現代の公害問題への対応や環境運動に大きな影響を与えたといいます。

現在でも経済発展が続く中国では石炭火力による発電が主流で、首都北京などでは冬季のＰＭ二・五（微小粒子状物質）による大気汚染が問題になっており、環境に影響を与えているだけでなく、住民の健康被害を引き起こしています。

同じように経済発展が続くインドでは、首都ニューデリーが毎年冬になると、農家の野焼きの煙と自動車や工場からの排気物質が混ざり合って大気汚染が深刻化し、大気汚染対策として全ての学校が閉鎖され、在宅勤務が奨励されているほどです。

環境汚染は中国やインドだけの問題ではなく、歴史的に見て経済発展の過程で多くの国々で引き起こされてきたことがわかります。

□ 看板商品「ヤシノミ洗剤」の誕生

日本の公害が問題になっていた時代背景の中で一九七一年に生まれたのが「ヤシノミ洗剤」です。当時は大気汚染に加えて、工場や家庭から出る排水による河川や湖沼、海洋の汚染も問題になっていました。

石油系の原料から製造する合成洗剤は、河川で容易に分解せず、種々の公害を引き起こしていました。排水に含まれるリンや窒素、有機物などの洗剤の成分が、自然界で分解されずに残り、河川や海洋が富栄養化するというものでした。富栄養化した海では、主に植物性プランクトンが異常に増殖して、海の色が赤く変色する赤潮が発生します。赤潮が起こると、プランクトンが魚のえらに触れて呼吸障害を起こしたり、プランクトンが大量に酸素を消費して海水中の酸素が欠乏したりして、魚が大量に死んでしまうこともあります。

そのため、社会全般を巻き込んで石油系合成洗剤の追放運動が起こりましたが、サラヤは創業当時から使っていたヤシ油を主原料として、香料や色素を一切添加せず、生分解性の高いヤシノミ洗剤を開発したのです。

業務用のヤシノミ洗剤は食品加工などの産業界だけでなく、官公庁や学校給食などの現場で使われるようになりましたが、家庭でも使いたいという要望をいただくようになり、一九七九年に家庭用の植物性洗剤の先駆けとしてヤシノミ洗剤を発売しました。発売した当初は他の合成洗剤に比べて価格が高めだったこともあり、期待した売れ行きにはなかなか達しませんでした。植物性油脂を使うため、石油系の原料に比べて、どうしても原料コストが割高になってしまったのです。

しかし、手が荒れにくいことや自然に優しいなどのコンセプトが実感されるとともに徐々に売れ行きがよくなり、ファンになっていただいた消費者が増えて定番商品として定着するようになりました。

ヤシノミ洗剤は業務用での発売以来五〇年たった今でも、根強いファンの方々に支えられて、サラヤの屋台骨を支える看板商品の一つになっています。

ヤシノミ洗剤は、自然素材の原料を使う「自然派のサラヤ」という企業アイデンティティーを形作る上でも重要な商品だったのです。

一九八四年頃には、原材料をヤシ油からパーム核油に切り替えました。植物系の原料としてパーム核油の方が安定的に供給されていたからです。ヤシ油の市況が不安定で高騰し、代替として使えるパーム核油が登場した時期でもありました。

それまでのアブラヤシは果肉だけがパーム油として利用されていて、種は廃棄されてきましたが、この頃から種からもパーム核油を搾油できるようになりました。パーム核油を洗剤の原料に使うことで、廃棄されてきたアブラヤシの種を有効活用し、廃棄物を減らす効果もあると考えたのです。

こうしてヤシ油からパーム油に原料を転換したことが、後にボルネオの問題に私たちを向き合わせることになるとは、当時夢にも思っていませんでした。

□ 海洋の生態系を脅かしているもの

自然の原料を元に商品を出し続けてきた背景には、自然との共生という意識があったのは確かです。自社の商品で河川を汚したくない、日本の原風景でもある清流をきれいなまま次世代に残したいという思いがあったのです。ことに、幼い頃に田舎の川でウナギや鮎を釣ったりして自然に囲まれて育った父の思いが、ヤシノミ洗剤の原点になったと思います。

全ての河川は山や平野に降った雨が集まって一本の川となり、いくつかの川が合流して海へと流れ込み、温められると蒸発して水蒸気になって、空の上で雲になります。その雲が雨を降らせて、再び川の水になります。このように水はいろいろな姿に変わり、「水の循環」として地球環境を巡っているのです。また鮎や鱒は、川で産卵して海に下り、海のミネラルや栄養分をたっぷり蓄えて川に戻ってきます。鮭の戻る川の両岸の緑が豊かなのは、このような命を介したミネラル循環のおかげだともいわれています。

私たちは河川の水や地下水を生活用水や産業用水として利用し、利用した水は再び河川や海に排出しています。このサイクルの中で水の中から不純物を取り除き、生活用水であれば見た目の清浄さや人の健康を維持することを目的とし、産業用水はそれぞれの用途に合わせて処理プロセスが決められます。

かつてのように、生活用水や産業用水を排水として河川にそのまま流すことはなくなり、利用した水を自然に返す場合は、汚染の程度、放流先の基準に合わせて浄化処理を行い、自然環境への負荷を少なくして放流しています。一昔前はこれが不十分で、自然界で分解されにくい洗剤が、汚染や富栄養化を引き起こしましたが、日本においてはこれが大きく改善されました。

けれども現在、海洋環境の悪化を招いているのは、浄化されずに排水される生活用水や産業用水だけではありません。

様々な理由により陸上で生活する人間が排出したごみが海に流出し、海洋ごみとなって海洋の生態系に大きな影響を与えるまでになっているのです。

海洋ごみとは、海岸に打ち上げられた「漂着ごみ」、海面や海中を漂う「漂流ごみ」、そして海底に積もった「海底ごみ」の総称です。

その内訳として今最も多いのが、漁具や食品の容器・包装袋などプラスチック製のもので、一度使えばすぐに捨ててしまう、いわゆる「使い捨てプラスチック」のごみが抜きん出て多いのです。

環境省が二〇一八年に公表した「海洋ごみをめぐる最近の動向」によると、世界では毎年少なくとも八〇〇万トンものプラスチックごみが海に流出していて、そのうち二万〜六万トンは日本から流出していると推計しています。

中でも最大の流出元は中国で、二〇一〇年時点で年間一三二万〜三五三万トンものプラスチックごみが中国から海洋に流出していると推計されています。二位はインドネシアの四八万〜一二九万トンで、国別に見ると一位から四位までを東アジアや東南アジアの国々が占めています。ちなみに米国は四万〜一一万トンで二〇位、日本は三〇位です。

世界合計で年間八〇〇万トンという重量は、東京スカイツリーのおよそ二二二基分に相当します。世界経済フォーラムの二〇一六年の報告書「The New Plastics Economy: Rethinking the future of plastics」によると、二〇五〇年までに海洋中に存在するプラスチックの量が、重量ベースで魚の量を超過すると予測されているほどです。

海岸に打ち寄せられる漂着ごみは、身近に目にするため、海洋環境の悪化を実感できます。ただ、それは海洋ごみ全体の五％ほどでしかありません。それ以外のほとんどの海洋ごみは海面や海中を漂っているのです。

世界の海には、海流によって海洋ごみが集まりやすい海域がいくつかあります。その一つが北米大陸とハワイ諸島の間に位置する「太平洋ごみベルト」です。大きさは一六〇万平方キロにも及び、日本の陸地面積の四倍以上に達しています。

陸地から遠く離れた太平洋の真ん中に多種多様のプラスチックの破片がひらひらと浮き、多くはマイクロプラスチックとなり、「薄いスープ」のような状況になって漂っています。一部はプランクトンが餌と間違えて取り込み、大きいものは海鳥や魚が餌と間違えのみ込んでいます。海を漂っている様子から、これを「プラスチックスープ」と呼ぶ人もいます。

この海洋ごみを調査した研究者によると、回収したごみの九九・九パーセントがプラスチックごみでした。この結果から太平洋ごみベルトには少なくとも一兆八〇〇〇億個、七万九〇〇〇トンのプラスチックごみがあると推計されています。そのうちの大半がマイクロプラスチックだとみられているのです。

◘人体への影響が懸念されるマイクロプラスチック

ペットボトルやプラスチック容器のようなプラスチックごみに加えて、環境に大きな影響を及ぼしつつあるとわかったのが、このマイクロプラスチックです。マイクロプラスチックは直径五ミリ以下の微細なプラスチックごみを指します。

マイクロプラスチックには大きく分けて「一次的マイクロプラスチック（primary microplastics）」と「二次的マイクロプラスチック（secoundary microplastics）」の二種類があります。

一次的マイクロプラスチックには、プラスチックの原料になる一～五ミリ程度の小さな樹脂のプラスチックペレットがあります。ペレットを溶かして成形することで、ペットボトルから家電製品まであらゆるプラスチック製品の原料になります。本来はプラスチック製品の原料として使われるため、プラスチック製造工場だけで見られるはずですが、何らかの理由で環境中に漏れ出して、海では海洋生物が餌と間違って食べてしまいます。

ペレットは軽くて非常に小さいため、輸送や加工中の管理を誤ると簡単に外へ漏れ出して、風で飛ばされたり、こぼれ落ちたりして排水管を通って河川や海に流れ出てしまうのです。

英国では、年間で最大五三〇億個のペレットがプラスチック産業から漏れ出していると推定されています。これは、ペットボトル八八〇〇万本の製造に必要な量です。

ほかにも直径が〇・五ミリ以下のマイクロサイズで製造された洗顔料・歯磨き粉等のス

クラブ剤等に利用されているプラスチック粒子である「マイクロビーズ」があります。ポリエチレンやポリプロピレン等のプラスチックで作られた球状の小さなビーズで、大きさは数ミクロンから数一〇〇ミクロンで、目に見えないくらい小さいサイズです。肌の汚れや古い角質を除去する目的で洗顔料やボディウォッシュ、歯磨き粉などのスクラブ剤として添加されています。

マイクロビーズはあまりに小さいため排水処理施設では除去できず、そのまま川を通じて海に流れ込んで環境中の微量の化学物質を吸着し、プランクトンや魚が摂取して人の健康や生態系に影響を及ぼしていると指摘されています。

様々な問題を抱えるマイクロビーズの使用を規制しようという動きも出ていて、米国では二〇一五年にバラク・オバマ元大統領が「マイクロビーズ除去海域法」という法案に署名して法律が成立しました。米国では二〇一七年七月から、スクラブ洗顔剤や石鹸、歯磨き粉に入っているマイクロビーズのスクラブ剤の製造が禁止され、二〇一八年六月には販売が全面禁止されました。

欧州では二〇一六年に英国とフランスが、アジアでは台湾が二〇一八年に使用規制に踏み切りました。

日本にはマイクロプラスチック廃止を定めた法律はありませんが、二〇一六年三月に日本化粧品工業連合会が会員企業に洗い流しのスクラブ製品におけるマイクロビーズの自主規制を促しています。

海岸に行くと、漁業関係のプラスチックごみが多いのも気になります。放棄されたナイロン製の網、魚を捕るプラスチック製の筒、浮き球として使用されている発泡スチロールなどです。発泡スチロールは、紫外線で分解されやすく、細かい固まりになって環境に漂います。軽いので風が吹くと山の上まで吹き上げられて散乱し、景観を損なっています。こうなると回収はとてもできません。スチロールは内分泌かく乱物質となる可能性もあり、至急対策が必要です。

二次的マイクロプラスチックはもともと大きなサイズで製造されたプラスチックが、自然環境中で破砕・細分化されてマイクロサイズになったものです。

石油を原料とした従来のプラスチックは、小さくなっても水や二酸化炭素まで分解されません。自然環境に放置されても自然界に還ることはなく、過去に製造されて海に捨てられたプラスチックごみは、これから何十年、何世紀、あるいは何千年も海の中に残り続けると考えられています。

プラスチックごみを餌と間違えて食べてしまったり、漁網などが魚介類や海棲動物の身体に絡みついて死亡したりする、いわゆる「ゴーストフィッシング」が頻繁に起きています。

日本近海においても、私たちが普段食べている魚介類にもマイクロプラスチックが含まれている状況が確認されています。東京農工大学の高田秀重教授が二〇一五年に実施した調査によれば、東京湾で釣ったカタクチイワシ六四尾のうち四九尾からマイクロプラスチックが検出されたという報告があります。

人間が魚介類を通してマイクロプラスチックを食べても、体外に排出されるためそれほど深刻な影響はないという指摘もありますが、マイクロプラスチックに吸着した化学物質の添加剤等はプラスチックを通じて生物組織に移行することが確認されていて、有害な化学物質が人体に移行・蓄積する可能性は否定できません。

少なくとも、海面や海中を漂う漂流ごみや海底にたまった海底ごみは、海洋の生態系に大きな影響を与えているのです。建築などに多く使用される塩化ビニルや、食品包装、いわゆるラップに使われる塩化ビニリデンは、比重が重いので水底に沈み、何千年も分解されずにとどまります。

二〇一六年五月に開催されたG七主要国首脳会議（伊勢志摩サミット）では、首脳宣言で「資源効率性及び3Rに関する取組が、陸域を発生源とする海洋ごみ、特にプラスチックの発生抑制及び削減に寄与することも認識しつつ、海洋ごみに対処する」ことを再確認しました。

二〇一九年に大阪で開催された二〇カ国・地域首脳会議（G二〇大阪サミット）でもマイクロプラスチック問題は主要議題の一つに挙げられ、二〇五〇年までに新たな汚染をゼロとする「大阪ブルー・オーシャン・ビジョン」を共有し、「G二〇海洋プラスチックごみ対策実施枠組（G20 Implementation Framework for Actions on Marine Plastic Litter）」の支持が決定しました。

また、SDGsの目標一四「海の豊かさを守ろう」のターゲットの一つとして「二〇二五年までに、海洋ごみや富栄養化を含む、特に陸上活動による汚染など、あらゆる種類の海洋汚染を防止し、大幅に削減する」ことが掲げられています。

海は世界中でつながっています。私たちの捨てたごみが、他国の浜を汚すことにもつながります。

海に流出している大量のプラスチックごみは、当然海に暮らす生き物に悪影響を及ぼしています。二〇一八年には、インドネシアの海岸に六キロものプラスチックごみを体内にため込んだマッコウクジラが打ち上げられました。プラスチックのコップ一一五個、ペットボトル四個、レジ袋二五枚、ビーチサンダル二足と、おびただしい量のごみが発見されたそうです。

同じく二〇一八年に海で死んだウミガメ一〇二頭の内臓を調査したところ、全ての個体からマイクロプラスチックをはじめとする合成粒子が八〇〇以上見つかりました。ごみが直接的な死因につながったのかは判明していませんが、海に生息する海洋生物が被害を受けていることは間違いないのです。これらの状況を一ビジネスを超えて、世界の人々が認識し、対応せねばなりません。

□対馬に流れ着く大量の海洋ごみ

環境省が二〇一六年に全国一〇地点（稚内、根室、函館、遊佐、串本、国東、対馬、五島、種子島、奄美）で漂着ごみのモニタリング調査を実施したところ、重量別では五八・〇%が自然物でしたが、二三・三%がプラスチックごみでした。容積では四八・四%、個数では六五・八%がプラスチックで、全体の中で最も高い割合であることがわかりました。

プラスチックごみの分類で、最も重量が重いのは「漁網、ロープ」で四一・八%に達しています。続いて「その他プラスチック（ライター、注射器、発泡スチロール片等）」が二六・七%、「ブイ」が一〇・七%となっています。一方、個数で見ると「飲料用ボトル」が三八・五%と最も多く、「その他プラボトル類」（九・六%）、「容器類（調味料容器、トレイ、カップ等）」（七・四％）を合わせると五五・五％が飲料や食品の容器となっているのです。

長崎県対馬市の海岸を見れば、とんでもないプラスチック海洋汚染が、今まさに起こっていることがわかります。隣国の中国や韓国からも含め、国内外から海流や北西の季節風に乗って、プラスチック廃棄物が海岸に押し寄せていて、中には明らかな産業廃棄物が混ざっており、排出国のモラルも問われています。

プラスチック海洋汚染は、排出と汚染両面から考えても、島国の対応が大きな鍵を握っています。島国は海とつながり、人々は海とともに生きているので、海洋プラスチック汚染への関わりはとても大きいのです。持続可能な海を次世代に引き継ぐミッションには、島国や島地域の参画は欠かせません。

今、対馬は日本全体のプラスチック海洋汚染の最前線であり、日本全国の防波堤になり、その対応に懸命に取り組んでいますが、いまだ対応は十分ではありません。

二〇二一年一〇月二〇～二一日に、関西経済同友会の環境・エネルギー委員会の一員として対馬市を訪問し、比田勝尚喜市長をはじめ市の幹部と意見交換しました。

対馬市の海岸には、毎年二万～三万立法メートルのごみが韓国や中国、そして日本の本土から漂着します。そのうち約七〇％はプラスチックごみです。対馬市は政府の補助金も

海洋プラスチックごみが漂着する対馬の海岸（写真提供：長崎県対馬市）

活用しながら、中間支援組織や漁業協同組合の協力、韓国の学生や国内ボランティアに参加してもらいながら、毎年八〇〇〇〜九〇〇〇立方メートルのプラスチックごみを回収しています。

ただ、海岸の多くは切り立っていて陸からのアプローチが難しく、漁船で海からの回収も必要になります。回収しきれない一万〜二万立法メートルのプラスチックごみは、正確にはわかりませんが数カ月から半年程度で入れ替わりどこかへ行ってしまいます。

プラスチックごみの内容は、ペットボトル、日用品ボトルやナイフ、フォーク、小皿などの使い捨てプラスチック、ビニール袋やレジ袋、発泡スチロール、浮き球、網などの漁具、注射器や産業廃棄物など多種多様です。中国語や韓国語などが書かれた外国製品が多いのも特徴です。漁網は半分が砂に埋まって取り出すのも大変で、定置網の浮き素材などに使われた発泡スチロールは流れ着くと分解され、破片になって風に吹き上げられ、崖の上まで白い破片が散らばっています。

対馬市では回収したプラスチックごみの活用に取り組んでいて、ペットボトルは分別し、リサイクルに回されます。回収プラスチックを使ってペットボトルや洗剤ボトル、ごみ袋、折りたたみコンテナなどが作られています。しかし、その量は限定的で、漂着するプラスチック量に比して大幅に少ないのが現状です。発泡スチロールはペレット化し熱回収する機械が導入され、燃料化するプロジェクトが進行中です。

流木などの漂流ごみは、チップにして燃やすか、ごみ捨て場に廃棄されています。

□ 対馬サーキュラー・エコノミー構想

私が設立以来理事長を務めているNPO法人ゼリ・ジャパンは、自然に倣って廃棄物ゼロの社会を目指すことを理念とミッションにしています。

対馬で排出する廃棄物と漂着プラスチックを合わせて、島由来のバイオマスを活用して、電気や熱のエネルギーを生み出し、電気自動車（EV）を活用したり、電力を賄ったりして、島外への支出を抑えてごみ処理を兼ねたサーキュラー・エコノミー（循環経済）が実現できないかを検討しました。

そのアイデアは以下のようなものです。

・プラスチックによるごみ発電

漂着プラスチックに加え、産業廃棄物ごみ、一般ごみの量を測定して、発電燃料として活用する。発電のための設備は、多少効率が悪くとも、採算性の取れる価格と耐久性を重視した燃焼窯と発電機を導入する。そのため、島民や旅行者、訪問者から出る廃棄物のトータル量からごみ発電ポテンシャルを計算する。島で発生するプラスチックは有価で買い取り、リサイクルや燃料化を図る。

・木質炭化炉による二酸化炭素固定、エネルギー活用

生ごみと合わせて農業系、森林系の廃棄バイオマス量を計算し、木質炭化炉を導入して、炭により二酸化炭素を固定化する。固定された二酸化炭素はカーボンシンク（炭素貯蔵所）として活用する。カーボンニュートラルを目指す企業には出資をお願いし、出資分を該当企業のカーボンバランスに転用できることとする。また炭は燃やせば、カーボンニュートラルな発電材料としても活用できる。これはグリーン電力として販売できる。

・海藻の栽培による、海の再生と海中の二酸化炭素の吸収・固定

海中で海藻の栽培を行い、海中の二酸化炭素を海藻に固定する。これは海の森として、海洋生物の生育にもプラスになる。栽培した海藻からは、メタン発酵でメタンを取り出し、ガス発電をする。生ごみや農業系の廃棄物も、メタン発酵にも活用できるので、トータルでバイオマスの量を計量し、発電を企画する。海藻の生育は陸上植物の五～六倍早いといわれる。これは漁業者の収入増にもつながる。発電した電力は、再生可能エネルギー電気の利用の促進に関する特別措置法を活用して売電する。発生したガス発電のみならず、発酵でできたメタンガスは、直接燃やすことで、エネルギー源にもなる。

・電気自動車（EV）の活用

発電した電力は、再生可能エネルギー電気の利用の促進に関する特別措置法に合わせて取引するが、島内に多くのEV充電ステーションを設けて、発電された電気をEVに活用する。市役所は率先してEV化を目指すことで、予算からガソリン代が軽減される。急速充電装置は、充電時間が早いが、一台一〇〇万～一五〇万円くらいする。家庭用の緩慢充電は、充電時間はかかるがコストが安いので、これらを需要に合わせて併用し、配置する。島民の利便性が上がり、島外から運んでくる化石燃料が削減され、カーボンニュートラルへの貢献が高まる。

・金融の重要性に配慮し、民間のスピード感を導入する

投資と回収のトータルのスキームを立て、補助金やボランティア資金も活用して、廃棄物からのエネルギー生成モデルを金融面で確立する。ESG投資を受ける可能性もある。前述のようにプラスチックを買い上げる制度を立ち上げ、自主的な回収を促進する。民間が市と契約をして、トータルの投資や回収を請け負って、スピード感をもって廃棄プラスチック処理やごみ処理を進める。一年経てばそれだけ海は汚れるので、早期の対応が必要で、このスキームに民間ビジネスのスピード感を導入すべきである。漂着ごみを処理する費用も合わせて、ごみをエネルギーに変えることが、事業に対する投資のハードルを下げる。対馬が日本のプラスチック海洋汚染の防波堤として活動していることを一般にアピールし、ボランティアの寄付や活動も事業に組み入れるべきである。

・海外からの視察、旅行者の増大に対応する

対馬モデルを海外にアピールすることにより、海外からの見学者が増え、旅行者として島の経済に貢献すると期待される。

・市民の理解と参画を

これらのプロジェクトで市はリーダーシップを取るものの、できるだけ住民に説明し、プロジェクトの理解と参画を得て推進すべきである。島のカーボンニュートラルもこの過程で達成されることを確信する。

これらのアイデアは、サラヤのグループ会社である関西再資源ネットワークの福田裕司社長の意見を参考にしました。この提言が実際に行動に移されるまでは、しばらく議論や検討が必要ですが、実証に成功すれば、同じような問題を抱えているアジアや太平洋の島国でも応用できるモデルとして普及することも可能なのではないかと考えています。

近年、対馬周辺の海では磯焼けが起こって海藻が消え、貝がいなくなって、島の中核産業である漁業にも影響が出ているそうです。海水温の上昇や、水中の二酸化炭素濃度が上がってpＨが酸性に傾くなど、二酸化炭素の濃度増加や地球温暖化の影響が出ているのかもしれません。

島では厳しい現状に向き合って、島全体でプラスチックやごみ問題の改善が必要だという問題意識が共有され、行動が起き始めています。これまでの取り組みを踏まえ、プラスチック問題を契機に、島全体をサーキュラー・エコノミーに進化させるタイミングにきていると感じます。

□対馬を二酸化炭素削減の橋頭堡に

サラヤのグループ会社である関西再資源ネットワークは、資源の有効利用を通じて「環境」と「経済」を両立するため、廃棄物の発生抑制（Ｒｅｄｕｃｅ）、再使用（Ｒｅｕｓｅ）、再生利用（Ｒｅｃｙｃｌｅ）といういわゆる3Ｒに取り組み、資源の循環利活用モデルの構築を行い、環境保全に努めています。

日本古来の伝統技術である「炭化」を中核技術として、食品廃棄物（いわゆる生ごみ）などを「炭」として再生し、化石資源の代替として燃料並びに還元剤等へ利用するとともに、二酸化炭素問題への寄与を目指しているのです。

炭化の原理は、木炭などを作る技術と同じです。通常、木材などの炭素化合物が主成分の素材を加熱すると燃焼が起こり、炭素は空気中の酸素と結合することで気体の二酸化炭

資源の有効利用を進める関西再資源ネットワーク

素となります。これが燃焼による二酸化炭素の排出で、空気中の二酸化炭素濃度を増やして地球温暖化の進展につながってしまいます。ところが、酸素を遮断した環境で高温加熱すると、炭素化合物は分解し、その中から揮発性の低い固体の炭素分が比較的多く残り、炭となるのです。木炭は木材が炭化したもので、石炭は古代の植物が土をかぶって酸素が遮断された状態で長期間にわたって地熱で加熱されることで炭化したものです。

炭素以外の水素（H）や窒素（N）、酸素（O）などは炭化の過程で揮発し、エネルギーとして回収利用することができます。

関西再資源ネットワークでは、食品製造業（メーカー）などが製造過程で発生する「原材料残渣」「半製品」「不良品」「回収品」などの食品残渣や、建設業や木材・木製品製造業などから排出された木くずといった産業廃棄物、卸売業や小売業者、飲食店業の流通・消費過程で発生する「売れ残り」「食品廃棄」「調理くず」「食べ残し」のいわゆる生ごみ、事業所から発生する紙や繊維くずなどの事業系一般廃棄物を収集、処理、再資源化しています。

動植物から生まれた、再利用可能な有機性の生物資源（石油などの化石燃料を除く）は「バイオマス」と呼ばれます。主に木材や海草、生ごみ、紙、動物の死骸・ふん尿、プランクトンなどがバイオマスに当たります。バイオマスの種類は主に「廃棄物や未利用のもの」「資源作物」に大別されます。

こうした生物資源のバイオマスを「直接燃焼」したり「ガス化」したりするなどして発電するのがバイオマス発電です。光合成を通じて二酸化炭素を吸収して成長するバイオマス資源を燃料とした発電は、二酸化炭素を排出しないものとして扱われます。そのため、未活用の廃棄物を燃料とするバイオマス発電は、電力をつくる上では二酸化炭素の排出量に換算されず、廃棄物の再利用や減少につながり、循環型社会の構築にも大きく寄与します。

農村や漁村など一次産業を営む国内の地域に存在する家畜排泄物や稲わら、林地残材などバイオマス資源を利活用することで農村漁村の自然循環環境機能を維持増進したり、持続的な発展を図ったりすることにもつながると考えられています。

対馬では、こうしたバイオマスに加えて漂着プラスチックを発電用の燃料として活用し、電力の自給自足ができないか模索する方法を提案しています。このようにサラヤのグループでも機能を分けながら、ビジネスを通じて社会問題の解決にチャレンジすることを目指しています。

□海洋生物が吸収するブルーカーボン

対馬をはじめ、日本の国土は豊かな海に囲まれています。

陸上の植物など光合成生物は大気中の二酸化炭素を吸収して光のエネルギーを用いて、二酸化炭素と水から有機物を合成し、その際に二酸化炭素と同容量の酸素を生成することは小学校の理科で学んだ通りです。大気中の二酸化炭素を回収するために熱帯雨林などの森林が重要とされるのはこのためです。

ですが、見過ごしてはいけないのが、大気中の二酸化炭素の五五％は海洋生態系によって吸収されているということです。二酸化炭素は水に溶けやすく、大気中から海水に移行します。

海洋生物が吸収する炭素を「ブルーカーボン」といい、藻類と海藻が主な炭素吸収源となります。二〇〇九年一〇月に国連環境計画（UNEP）の報告書『ブルーカーボン』で、藻場や浅場などの海洋生態系に取り込まれた炭素が「ブルーカーボン」と命名され、二酸化炭素の吸収源の新しい選択肢として提示されました。

国立研究開発法人港湾空港技術研究所によれば、海洋が吸収するブルーカーボンは、地球の二酸化炭素排出量の約二四％に当たる年間約二五億トンに上ると推計しています。これは陸上の熱帯雨林のような森林などの吸収量である約一九億トンよりも多いといわれています。

地球温暖化を抑制するための海洋の役割はそれだけ大きいということです。

ブルーカーボン生態系には、熱帯および亜熱帯地域の河口汽水域の塩性湿地で植物群落や森林を形成するマングローブ林、塩性湿地帯、サンゴ礁、海藻・海草の藻場があります。ブルーカーボン生態系の炭素貯蔵能力は陸上の二〇倍、炭素固定速度は亜寒帯・温帯・熱帯林の四〇倍もあるのです。

そのメカニズムは、大気中の二酸化炭素が光合成によって浅い海域に生息するブルーカーボン生態系に取り込まれ、二酸化炭素を有機物として隔離・貯留するというものです。枯死したブルーカーボン生態系が海底に堆積し、海底の底泥として埋没し続けることにより、ブルーカーボンとしての炭素は蓄積され、大気中には排出されません。岩礁に生育するコンブやワカメなどの海藻は、葉状部が潮流の影響により外洋に流され、その後、水深が深い中深層に移送され、海藻が分解されながらも長期間、中深層などに留まることによって、ブルーカーボンとしての炭素は隔離・貯留されるのです。海洋の生物によって炭素が海洋内部へと運ばれるこの働きは「生物ポンプ」と呼ばれています。

海域で吸収される年間二五億トンの二酸化炭素のうち、一〇・七億トンは日光が届き、植物が光合成できる浅い海域に吸収されます。さらにブルーカーボン生態系に取り込まれたままの植物由来の炭素が、海底の堆積物中に貯留され、その量は浅い海に一・四億トン、深海に〇・五億トンの合計一・九億トンと推計されています。

日本では国土交通省が、ブルーカーボン生態系を活用して二酸化炭素吸収源対策に取り組むことで、「カーボンフリーポート」の実現を目指しています。ブルーカーボン生態系を二酸化炭素の吸収源として活用していく具体的な検討を行うため、二〇一九年度に「地球温暖化防止に貢献するブルーカーボンの役割に関する検討会」を設置しました。

ブルーカーボン生態系は「海のゆりかご」とも呼ばれています。藻場やサンゴ礁、マングローブ林などは多様な海洋生物の生息地となっていて、産卵場や稚魚の生息地として水産資源を供給するほか、水質を浄化するなど海洋環境を維持し続けているのです。

ところがUNEPの報告書『ブルーカーボン』では、「この貴重な生態系は、年間二〜七%ずつ消失している（消失率は熱帯雨林の四倍）」と警鐘を鳴らしています。ブルーカーボン生態系の消失により、貯留されていた炭素が放出されてしまうことも大きな問題です。

日本に熱帯雨林は沖縄などのごく一部の地域にしかありませんが、国土の周囲が海に開かれていてブルーカーボン生態系や海の恵みを享受しながら生活を続けています。世界に先んじてブルーカーボン生態系の働きと恩恵に注目し、保全・再生の取り組みを進めることも、日本の重要な役割なのです。日本からこのようなイノベーションを起こしていくことで、新しい産業の創出が期待されます。

二〇二五年、大阪・関西万博への思い

二〇二五年四月一三日～一〇月一三日の一八四日間、大阪府の夢洲（ゆめしま）を会場に大阪・関西万博が開催されます。この万博に、私が理事長をしているNPO法人ゼリ・ジャパンが「TEAM EXPO 二〇二五」共創チャレンジャーとして出展することを決意して申し込み、採択されました。サラヤは「TEAM EXPO 二〇二五」共創パートナーとして万博出展を支援します。「ブルー・オーシャン」をテーマにパビリオンを出展します。主催をサラヤではなくゼリ・ジャパンにしたのは、多くの企業や団体に参加してもらいたかったからです。このパビリオンは、ブルーオーシャン運動のグローバルなシンボルと位置付けます。ブルーオーシャン運動が目的としているのは、㈠プラスチック海洋汚染防止と、㈡海の持続的活用です。ブルーオーシャン運動は、万博が開催される二〇二五年で終わるものではなく、二〇三〇年、二〇四〇年、二〇五〇年へとつなげていくテーマであり、ビジネスを通じて海洋をめぐる様々な課題の解決にチャレンジしていきたいと思っています。

ブルー・オーシャンに向けた私の思いを説明しましょう。

今回の万博のテーマは「いのち輝く未来社会のデザイン」（Designing Future Society for Our Lives）です。サブテーマとして「Saving Lives（いのちを救う）」「Empowering

Lives（いのちに力を与える）」「Connecting Lives（いのちをつなぐ）」という三つを掲げています。

未来社会の実験場（People's Living Lab）というコンセプトで、展示を見るだけでなく世界の約八〇億人がアイデアを交換して未来社会を「共創」（co-create）することを目指します。万博開催前から、世界中の課題やソリューションを共有できるオンラインプラットフォームを立ち上げ、人類共通の課題解決に向けて先端技術など世界の英知を集め、新たなアイデアを創造・発信する場にするとしています。

公益社団法人二〇二五年日本国際博覧会協会が「パビリオン出展審査委員会」を開催して審査を行い、政府と協議をした上で一三企業・団体が、二〇二二年二月にパビリオン出展参加者として内定しました。ゼリ・ジャパンはその一団体になります。出展を希望した応募総数は公表されていませんが、「いのち輝く未来社会のデザイン」という万博のテーマに沿って深く考えられた提案や、参加者が当事者として主体的に参画できる仕組みの提案、地球規模の課題をその背景とともに考えさせるスケールの大きな企画、来たるべき未来と人類の可能性を展望する企画が選ばれたということです。

万博が開催される二〇二五年は、ＳＤＧｓの目標年である二〇三〇年の五年前であり、ＳＤＧｓの達成に向けた進捗状況を確認し、取り組みを加速させる絶好の機会です。万博のパビリオンやイベントを通じて未来社会を考えることで、二〇三〇年のＳＤＧｓ達成にとどまらず、その先に目を向けることが重要です。万博会場では、ＳＤＧｓをテーマにした展示やアクティビティのほか、食品ロス削減やマイバッグ利用の推進など環境に配慮した運営も計画されています。大阪・関西万博は、まさにＳＤＧｓを達成するためのプラットフォームとして、ＳＤＧｓの先を見据えた飛躍の機会なのです。

□ Society 5・0のショーケースに

大阪・関西万博の開催にあたっては、日本の国家戦略「Ｓｏｃｉｅｔｙ５・０（ソサエティ５・０）」を通じたＳＤＧｓ達成への貢献が提唱されています。Ｓｏｃｉｅｔｙ５・０は二〇一六年一月に閣議決定され、政府が策定した「第五期科学技術基本計画」の中で提唱されている新しい社会の在り方です。内閣府の定義では「サイバー空間（仮想空間）とフィジカル空間（現実空間）を高度に融合させたシステムにより、経済発展と社会的課題の解決を両立する、人間中心の社会（Ｓｏｃｉｅｔｙ）」としています。これまで人類が歩んできた工業社会や情報社会の先にある、経済発展と社会的課題の解決を両立する「人間中心の社会」を意味しています。

人類がこれまで狩猟社会（Ｓｏｃｉｅｔｙ１・０）から農耕社会（Ｓｏｃｉｅｔｙ２・０）、工業社会（Ｓｏｃｉｅｔｙ３・０）を経て情報社会（Ｓｏｃｉｅｔｙ４・０）に達し、これから迎えようとしている新しい社会がＳｏｃｉｅｔｙ５・０です。社会が変化する速度は指数関数的に速まっていて、情報社会以降はデジタルデータが基盤となって変化が加速し、現代はデータが価値を創造する時代になったというのです。インターネットの商用化が始まった一九九〇年代前半から現在にかけて、インターネット技術の進化やスマートフォンの急速な普及により、大量のデータが世界中を駆け巡っています。

こうしたデータが新たな価値を次々と生み出していて、人類は情報社会（Ｓｏｃｉｅｔｙ４・０）の真っ只中にいるといわれています。そして今、人類は大きな文明の転換点を迎えようとしています。

この書籍の原稿を執筆していた二〇二二年二月二四日、ロシア軍が隣国のウクライナに軍事侵攻しました。二一世紀のこの時代に、ロシアのミサイルが都市を破壊し、多くの市民が犠牲になり、難民となって国を脱出せざるを得なくなっているという事実に世界は大きく驚いています。ＳＤＧｓや脱炭素という世界共通の課題に取り組まなければ、人類の存続すら危ういという中でのロシアのウクライナ侵略は世界全体の秩序や安全、共通の価値観を破壊しかねない行為です。第三次世界大戦に発展しかねないこの戦争の行方を世界は固唾をのんで見守っているのです。私自身も原稿を執筆しながら、今もなお続くロシアとウクライナの戦争がこれからどのような方向に向かっていくのか大変心配しています。

当初、強大と見られたロシア軍の前にウクライナ側の劣勢が予想されましたが、被害の状況や市民の声、そして市民を鼓舞するウォロディミル・ゼレンスキー大統領のメッセージがSNSを通じて瞬時に配信され、世界中の人々が戦況について知ることができているのは、Ｓｏｃｉｅｔｙ５・０という新しい社会に移行しつつある中で起きている戦争ということなのかもしれません。

市民の声や防衛戦を戦う大統領のメッセージは多くの共感を生み、ウクライナに対する支援の輪が広がり力になっています。それに比べてロシアの統治機構は、一九九一年に崩壊したソ連の古い体制をそのまま引き継いで、進歩していないように感じます。歴史的に見ても社会の変化に合わせて国の統治機構が変わり、市民社会もまた発展してきました。旧来の統治機構を引きずったまま侵略してきたロシアに対して、デジタル機器やＩＣＴ（情報通信）環境を駆使して抵抗するウクライナ市民の姿に、世界は新しい戦争の形や社会の姿を感じているようです。

こうした現象もまたＳｏｃｉｅｔｙ５・０という新しい時代に向っていることを端的

に示唆しています。私たちは地球市民として、環境や自由、そして未来のビジョンを、情報システムを通じてグローバルに共有し、それを力にして共感、共創し、創造できる時代のとば口に立っていることを、この万博でも認識すべきだと思います。

□Society5・0が目指すべき社会

従来の経済システムによる環境への負荷や社会的な歪みが顕在化する一方で、DX（デジタルトランスフォーメーション）が急速に進んだことで、社会の在り方が大きく変わりつつあります。膨大なデータを活用し、テクノロジーによってオンライン空間と現実世界をつないで、様々な社会の問題を解決する、人々が暮らしやすい社会をSociety5・0では目指しています。地球規模の課題を解決するために重要だとして挙げられているのが、次のような技術です。

IoT（モノのインターネット）
AI（人工知能）
ロボティクス

ビッグデータ
バイオテクノロジー

モノのインターネットと呼ばれるＩｏＴは、あらゆるモノがインターネットにつながった世界です。ＩｏＴ技術の進展で、フィジカル空間（現実空間）から精緻なデータをセンサーなどで計測し、適切なデータをリアルタイムに収集して、サイバー空間（仮想空間）に展開することが可能になります。これまでの情報社会（Ｓｏｃｉｅｔｙ４・０）では、主にサイバー空間（仮想空間）で生み出されたデータから革新的な技術の進歩や新しいサービスが生まれてきましたが、これからは現実世界のあらゆる事象がデータ化されるようになり、ＤＸの対象があらゆるモノ・ヒト・コトに広がっていきます。

サラヤのグローバルな生産においても、製造ラインに各種センサーを取り付け、そのデータをクラウド上で共有することで、品質管理や生産数量など生産の状況が、瞬時に世界のどこからでもわかることを目指しています。さらにサプライチェーンと営業の情報をつなぐことで、事業プロセスが効率化され、ビジネスの付加価値が生まれます。究極の目標は、こうしたプロセスの改善にＡＩをかけ合わせることで、作業の効率化が進んで人間は楽ができるようになり、なおかつ付加価値が上がるというビジネス全体のＤＸです。

　このようにインターネットの進展と並行して、ＡＩは急速に技術的進化を遂げています。近年の半導体の進化などを通じて大量のデータを大規模に計算できる環境が整い、ディープラーニング（深層学習）が可能になってきたことで、ＡＩの処理能力は飛躍的に高まってきています。ＡＩが全ての課題を解決するというのは幻想に過ぎませんが、適切に設計して運用すれば、事象の識別や、データに基づく予測、行動の実行や判断などに活用することができ、従来の人間の能力に頼っていた複雑な問題を解決する手助けとなります。自動車の運転を例にすると、これまでは人間の属人的な運転能力（スキル）に頼っていたのが、ＡＩシステムがデータ学習を通じて高度な運転スキルを持つようになれば、人間の運転が必要ない無人走行が可能になり、社会は大きく変貌していくでしょう。

　ＡＩの能力はサイバー空間で生かされるだけでなく、ロボットを通じてフィジカル空間でも活用されるようになります。それを支えるロボット工学も大きく進歩しており、産業分野からサービス分野までロボティクスの導入が進んでいます。今後は一般家庭から職場、都市空間も含めて、あらゆる場所でロボットが活躍するようになり、人間が行ってきた定型的な作業はＡＩとロボットによって代替されたり、支援されたりするようになります。人口減少が続く日本では、労働人口の不足が重要な社会課題になりつつありますが、ＡＩとロボティクスの活用により、社会のスマート化を進めることで課題解決につなげていけます。

ブロックチェーンと呼ばれる分散型台帳技術は、効率的な取引や偽造防止、追跡可能なデータのやり取りを実現することができます。今後のデータのやり取りに大きな影響を与えるでしょう。現在、暗号通貨の基盤技術として使われているブロックチェーンですが、様々なデジタル取引情報の共有に高い透明性と信頼性を確保できることから、多くの分野での応用が期待できます。

サラヤでは今、アフリカなどの新興国で、健康診断にＡＩが活用できないか研究しています。発熱や下痢などの初期症状を入力すれば、簡単な病気の診断ができ、現場で医師がいない場合でも、応急処置としてＡＩ診断を役立てることができます。また心臓の状態を確認するスマートウオッチも開発していて、それをＡＩと組み合わせれば、早期の受診勧奨によるリスク軽減につながります。糖尿病の早期発見や診断の可能性も高まります。インターネットを通じたヘルスケア分野での活用により、予防的な対応と医療費の削減にもつながります。大阪・関西万博はそのような未来社会を構築する技術やアイデアの発信ができる場になればよいと思います。

こうしたＩｏＴやロボット、ブロックチェーンなどの技術を通じてＤＸは進展していきます。ＤＸの波は止まることなく、社会の前提自体が根本から変わっていくでしょう。技術の進歩により、社会が進む方向には無数の選択肢があります。新しい社会の在り方を良い方向に向かうよう選択していくのも私たち自身です。「どのような社会が訪れるか」ではなく、「どのような社会を創るか」という視点のもと、自ら未来の社会を構築することに貢献していくべきです。

大阪・関西万博は、日本が総力を挙げてＳｏｃｉｅｔｙ５・０に向けてＳＤＧｓ達成のための技術や価値観を世界に発信し、インパクトを残していく場となりそうです。

◻ SDGs達成を目指す万博に

「いのち輝く未来社会のデザイン」をテーマにした大阪・関西万博は、まさにＳＤＧｓと結びついた万博になります。ＳＤＧｓの一七の目標でも喫緊の課題である目標一三「気候変動に具体的な対策を」への取り組みを進める上でも会場内の温室効果ガスの排出削減は欠かせません。会場全体の温室効果ガス排出量を実質ゼロにするカーボンニュートラルを目指すプロジェクト「ＥＸＰＯ二〇二五グリーンビジョン」が進んでいます。

「温室効果ガス排出量をゼロにする」と言葉でいうのは簡単ですが、大阪・関西万博が開催される四～一〇月の開催期間の中盤から後半は真夏にさしかかり、猛暑の日もあるでしょう。世界中から来場者が約二八二〇万人訪れることが見込まれている中、カーボンニュートラルを実現するには「会場とパビリオンを冷却する効率的なシステムの構築」が重要です。そのため建物の熱を逃がす独自素材「ＳＰＡＣＥＣＯＯＬ（スペースクール）」の実証実験が進んでいます。この素材で建物などを覆うことで内部の温度が約一〇度下がると期待されています。効果が実証できれば、万博のパビリオンの屋根や壁の膜素材などに使われる予定です。

万博のカーボンニュートラルは容易ではありませんが、実現できれば温暖化対策の上で大きなインパクトを与えられるでしょう。

「ＥＸＰＯ二〇二五グリーンビジョン」では水素やアンモニアによる発電、二酸化炭素と水素でメタンを生成する仕組みなど約二〇の技術が挙げられていて、今後、協議会を立ち上げて実務的な検討に入っていく予定です。

今回の大阪・関西万博のエネルギースキームには、開発時間の関係で提案できませんでしたが、当社の子会社の関西再資源ネットワークが英国で展開する、食品生ごみや農業の廃棄バイオマスを活用してエネルギーを生み出したり、メタンで電気やガスを生成したりする事業を関西でも実現し、万博の敷地外で展示ができればよいと思っています。いまこの実証施設の建設に向けて実現可能性を探っているところです。

また、大阪・関西万博では、ＳＤＧｓの目標七「エネルギーをみんなに そしてクリーンに」に関連して、環境負荷の少ない新しい技術を使ったモビリティを通して貢献することを企画しています。そのプロジェクトの一つが会場周辺の大阪ベイエリアで運行を目指しているエアタクシーサービス「空飛ぶクルマ構想」です。プロジェクトは大阪府の「空飛ぶクルマの実現に向けた実証実験」にも採択されました。

ＳＤＧｓの目標三「すべての人に健康と福祉を」に対応するのが、再生医療やＡＩによる診療など最先端の医療を体験できる「大阪パビリオン」で、大阪府と大阪市、地元の経済界が連携してプロジェクトを進めています。サラヤでも小規模な展示を企画できないか考えています。

関西では岩谷産業や川崎重工業など、水素をクリーンエネルギーに活用することを推進している企業が活発に活動しています。万博開催に合わせて運航を予定しているのが水素船です。水素を燃料に会場の夢洲と大阪市内を結び、一度に一五〇人程度の乗客を運ぶことを想定しています。水素船は運航に際して二酸化炭素の排出がなく騒音が少ないメリットがあります。水素は未来のエネルギーとして期待されており、万博は一つのショーケースになるでしょう。

□ 未来への希望を演出してきた万博

ご存じのとおり「万博」は万国博覧会の略称で、日本では過去に五度、開催されてきました。

・一九七〇年　日本万国博覧会（通称：大阪万博）　大阪府
・一九七五年　沖縄国際海洋博覧会（通称：沖縄海洋博）　沖縄県
・一九八五年　国際科学技術博覧会（通称：つくば科学万博）　茨城県
・一九九〇年　国際花と緑の博覧会（通称：花博）　大阪府
・二〇〇五年　二〇〇五年日本国際博覧会（通称：愛・地球博）

中でも一九七〇年に開催された大阪万博は、多くの日本人の記憶に残る大規模な博覧会です。「人類の進歩と調和」をテーマに、世界中から七七カ国が参加しました。太平洋戦争の終戦後二五年を経て戦後の高度経済成長を成し遂げ、当時米国に次ぐ世界第二位の経済大国になった日本を世界に知ってもらうという象徴的な意義を持つイベントでした。そのコンセプトは、私が師匠として敬愛する堺屋太一氏が指摘したような「規格大量生産型の近代工業社会」でしょうか。

世界各国の新技術や文化を結集し、鉄道や商業施設などの公共施設などに設置される案内標識、動く歩道、モノレール、電動自転車、電気自動車、テレビ電話、携帯電話、缶コーヒー、ファミリーレストランといった二一世紀の現代では既に当たり前のものとして普及している製品やサービスなどが初めて登場しました。磁石の力で浮きながら、超高速で走るリニアモーターカーも大阪万博で広く一般にお披露目されました。

政府が出展した日本館は、万博のシンボルマークだった五つの桜の花びらを模した一号館から五号館まで五つの円形の建物で構成され、伝統文化から未来技術までを紹介しました。一つの建物の直径は五八メートル、高さ二七メートルの四階建てで、敷地面積三万七七九一平方メートル、総延べ床面積は二万二七九一平方メートルという広大な施設でした。

日本経済と社会をけん引してきた数多くの企業・団体が自由な発想や構想力で、「日本と日本人」というテーマに沿って、未来への期待を膨らませる魅力的な展示を行ったのです。

当時、未来は希望に満ちあふれていました。日本の人口は、第一回の国勢調査が行われた一九二〇（大正九）年以降、太平洋戦争（一九四一～一九四五年）があったにもかかわらず、右肩上がりで増加を続けてきました。一九二〇年に約五六〇〇万人だった人口は、一九七〇年に一億人を超えました。日本の社会はまだ若く、一五～六四歳の生産年齢人口は右肩上がりで増加し、経済成長が続いていました。万博が開催された前年の一九六九年七月二〇日、米国では月探査計画「アポロ計画」でアポロ一一号が、史上初めて人類を月に着陸させることに成功し、万博でも米国のパビリオンであるアメリカ館に「月の石」が展示され、月から持ち帰った石を見るために長蛇の列ができました。芸術家の岡本太郎氏が制作した芸術作品であり建造物「太陽の塔」を博覧会の象徴に、魔法のような技術に満ちあふれた素晴らしい未来を描いた大阪万博は今も私たちの記憶に鮮明に残っています。

大阪万博が開催された一九七〇年、私は大阪大学一年生で、万博会場横の吹田キャンパスに通っていました。知り合いが万博を見たいと次から次に訪れてきて、私も一緒に二〇回以上も万博に足を運びました。人気のアメリカ館やソビエト館は三時間以上の待ち時間で、朝一番に開門前に並んで、開場と同時に走ってパビリオン入り口に到達すると一五分くらいの待ち時間で見ることができ、得した気分になったのを覚えています。その頃の日本人は体力があったのか、好奇心に満ちあふれていたのか、真夏でも汗をだらだら流しながら、よく辛抱して並んで待っていたものだと思います。

一九七〇年の万博が終わってすぐ二回のオイルショックが起きました。第二章で紹介したように、一九七二年にローマクラブが研究報告書『成長の限界』（The Limits to

Growth）を出し、既存の経済成長に対して警鐘を鳴らしましたが、オイルショックが過ぎ去ればこのまま経済が成長を続けていくことは難しいのではないかという不安感や危機意識は忘れ去られ、世界は開発主導の経済成長にばく進しました。一方で日本社会が「重厚長大から軽薄短小」の合言葉で社会変革を進めたのも事実で、これが一九八〇年代の発展の原動力になったことも忘れてはなりません

一九七〇年の大阪万博から半世紀を経て、二〇一八年一一月二三日にフランス・パリで開催された第一六四回博覧会国際事務局（ＢＩＥ）総会で投票が行われ、二〇二五年の大阪での万博開催が決まりました。アゼルバイジャンのバクー、ロシアのエカテリンブルクが対抗都市で名乗りを上げていました。当社はウガンダで事業をしていることから、ウガンダの一票を確実にすることが万博の誘致委員会から期待されていました。ウガンダのクテサ外務大臣と奥方、アケチ＝オクロ駐日ウガンダ大使に当社の大阪工場を見学してもらい、大阪を観光してもらった後、二〇二一年に惜しまれながら営業終了した大阪きっての宴会場である太閤園でおもてなしをさせていただきました。そうした付き合いもあったからか、その後在大阪のウガンダ名誉領事に指名され、ウガンダとはさらに深い関係を結ばせてもらうことになりました。

さて今、世界の変化は大変速く、社会や企業には、変化に対応するスピード感が求められています。また、世界では経済のグローバル化、新興国の発展、急激な世界人口増が進み、それに伴って地球温暖化が進行し、生物多様性の喪失や、貧富の格差拡大など課題が山積しています。一九七〇年当時から半世紀後の未来がこのような状況になっていると誰が思ったことでしょうか。世界各国の政治家や外交官、企業家、自然・社会科学者、各分野の学識経験者などの集まりであるローマクラブが設立されたのが一九七〇年で、「人口増加や環境汚染などの傾向が続けば、資源の枯渇や環境の悪化により、一〇〇年以内に地球上の成長が限界に達する」と一九七二年の『成長の限界』で警告しました。

残念ながら、私たち人類はその警鐘を受け止めて、意義ある行動に移すことはできませんでした。一九七二年から半世紀を経て人類が悪化させてきた自然環境を、これから半世紀かけてより良い方向に改善していく。二〇二五年の大阪・関西万博がそのためのきっかけになればよいと考えています。

◻︎「ブルー・オーシャン」パビリオン

NPO法人ゼリ・ジャパンが大阪・関西万博に出展するのは「ブルー・オーシャン」パ

ビリオンです。

パビリオンの建設・運営に向けて、総合プロデューサーには原研哉氏、建築プロデューサーには坂茂氏にそれぞれ就任してもらいます。原研哉氏は、日本デザインセンターの代表取締役社長で原デザイン研究所を主宰し、武蔵野美術大学教授でもあります。サンパウロ、ロサンゼルス、ロンドンの三カ所で、日本の文化や産業などを幅広く世界に発信するジャパン・ハウスのプロデュースなど、国際的な仕事でも有名です。坂茂氏は、フランス・パリのポンピドゥー・センター・メス、スウォッチ・グループ本社ビルなど著名建築を数多く手がけ、また二〇〇〇年のハノーバー万博では日本館パビリオンも担当しました。また難民キャンプでは紙管を活用したビルなども手がけていて、ロシアのウクライナ侵攻では隣国ポーランドに逃れた難民のキャンプ設営の取り組みを始めるなど行動力を発揮しています。二〇一四年には「建築のノーベル賞」ともいわれるプリツカー賞を受賞しておられます。

このパビリオンの大きな目的は、プラスチック海洋汚染の防止、海の豊かさの持続可能性の維持・継承です。難しいことを言ってもなかなか理解されないので、それをわかりやすく表現し、発信できればよいと思います。二〇一九年に大阪で開催されたG二〇サミットでは「ブルーオーシャンビジョン」が宣言されました。このパビリオンをブルーオーシャン運動の具体的な取り組みとして位置付けたいと思います。プラスチックごみによる海洋汚染が進むなか、次世代に豊かな海洋を残していくため、その保全と啓発、そして持続的活用を目的とした展示やイベントを行うパビリオンになります。

パビリオンは、三つのドームで構成される予定です。入り口のドームは水の不思議さ、中央の大ドームは環境や地球に関して誰も見たことのないような映像を映し出します。そして第三ドームは世界や地域とつながるドームで、世界や地域の海の食も提供します。パビリオンでは、きれいな海と地球を取り戻すための「意識変容の装置」を形にします。「水の惑星」として宇宙の中に奇跡的に存在する地球、その美しさと偉大さ、かけがえのなさをリアリティのある映像を通じて表現しようと企画しています。同時に、それが人類の営みによって大きく損なわれようとしている実態を来館者の感覚と環境モラルに訴えかけます。最先端の映像テクノロジーを持つ企業や才能と緊密に連携し、海洋を構成する「水」のリアリティとその不思議さ、面白さ、美しさを清冽なスペクタクル映像として体験してもらい、地球、水、海、環境に対する来館者の意識を変えていきます。海洋汚染の課題解決に取り組んでいる様々な組織やステークホルダーと連携し、豊かな海洋を次世代に残していけるような教育プログラムも実践していきます。

日本が世界に先行する先端技術を、近未来の建築の材料や工法として実現させることで、これらの技術が社会へと広く普及・展開していくことを目指しています。具体的には、(一)カーボンファイバー、紙管、竹という三つの材料を使った建築構造、(二)ペロブスカイト太陽電池による発電、(三)廃棄物を徹底的に削減した仮設建築、という三つのキーワードを軸に構成していきます。

「カーボンファイバーによる建築構造」についてですが、カーボンファイバー(炭素繊維)には、高剛性、高強度といった特徴があります。プラスチック樹脂に炭素繊維を強化材として加えたＦＲＰ(繊維強化プラスチック)は、ＣＦＲＰ(Carbon Fiber Reinforced Plastics＝炭素繊維で補強・強化されたプラスチック)と呼ばれます。繊維と樹脂という性質の異なる材料を組み合わせて、繊維の配向方向や材料の種類を変えることで剛性や強度を変えることができます。アルミニウム以上の軽量化と鉄以上の剛性の実現を目指します。ＣＦＲＰは剛性が必要なゴルフのシャフトや釣りざおなどスポーツ・レジャー用品などの用途で使われていて、軽量化が重要になる自動車やバイクのボディ、飛行機の構造材などに用途が広がっています。

日本の建築分野では一九九〇年代後半に屋根の立体トラスの部材にＣＦＲＰを利用した事例がありますが、主構造として利用された事例はありません。これを建築素材として、世界で初めて「ブルー・オーシャン」パビリオンで活用することで、ＣＦＲＰを主構造に、三次元曲面のドーム状の構造物を三つ組み合わせて軽量かつ大規模な空間を実現します。カーボンファイバーの生産は日本企業が中心的な役割を果たしていて、国内の数社で世界市場の約七割を占めており、日本の技術の世界への発信にもつながります。大阪・関西万博が開催される埋立地の夢洲の敷地は地質が悪く、建築の重量が大きいと杭を打設する必要がありますが、軽量で高い剛性を持つＣＦＲＰを利用することにより、建築を軽量化して杭を打設することなく施工できる計画です。

第三ドームでは、日本や世界各地の持続可能な水産資源を活用した海のグルメを紹介できればよいと考えています。世界各地の食のテーマを設定して参加を促すなどの工夫を考えています。このことが食を通じた地方創生の一助になればよいとも考えています。

会期が半年間に限定された万博では「廃棄物を徹底的に削減した仮設建築の実現」が重要です。解体が容易な施工方法を採用し、万博終了後に本パビリオンそのものを移築・再利用ができるように計画します。万博は、未来の姿をデモンストレーションする場でもあります。ブルー・オーシャン・パビリオンには先端技術を積極的に取り込むことで、大阪・関西万博のコンセプトである「未来社会の実験場」を具現化した建築を目指します。

「いのち輝く未来社会のデザイン」をコンセプトにした大阪・関西万博では、ＳＤＧｓ

の達成を目指して、様々な取り組みとのコラボレーション企画が計画されています。

□ポリマ号とポリマ財団の活動

ゼリ・ジャパンは大阪・関西万博の公式プログラム「TEAM EXPO 二〇二五」に、美しい海を未来に残し、持続可能な海洋資源の利用に向けて世界的な啓発活動に取り組むため「共創チャレンジ」として参加しています。サラヤは「共創パートナー」です。

スイスのローザンヌに、レース・フォー・ウォーター財団（Race for Water Foundation）があります。理事長のマルコ・シメオーニ氏は、IT系ベンチャー企業の創業者で、フランス語圏スイスのローザンヌ地方で育ち、エンジニアリングを学んだ後、起業家としてベルティグループを創立しました。

二〇一〇年にヨットレースを通して海を守る啓発活動を目的に、多額の私財を投じてレース・フォー・ウォーター財団を設立しました。二〇一五年に自分の会社を売却した後、当時所有していた全長二一メートルの帆走双胴船「レース・フォー・ウォーター号」で、世界の海のプラスチックごみ汚染調査（レース・フォー・ウォーター オデッセイ二〇一五）に参加しました。シメオーニ氏は一〇カ月間の航海を通じて、世界の海洋のひどい現実を目の当たりにし、プラスチックごみ汚染の問題が、いかに深刻かを思い知りました。

そして、海洋に流れ込んでしまったプラスチックごみの完全な除去は不可能であり、むしろプラスチックが海域に入る前の陸上での活動に注力して取り組むべきだと考えたのです。「プラスチックごみが川や海に流出するのを防ぐには、複合的な行動が不可欠です。まず、プラスチックの使用を大幅に減らし、次にプラスチックごみを回収し、価値あるものにするよう促すのです。持続可能な社会・経済モデルを新たに開発する必要があります」とシメオーニ氏は話します。

シメオーニ氏は起業家の視点から、プラスチックごみに経済的価値を与えることが問題解決になると考え、プラスチックごみを無酸素で高温加熱して、ガス化と液体化する事業を構想しています。プラスチックを細かく裁断して熱分解を行う装置を開発し、熱分解したエネルギーを電気やガスなどに転化するというもので、一万人ほどの人口の島に電力を提供するには非常に有効なソリューションと考えているのです。

さて時期を前後して、二〇一〇年から二〇一二年にかけて、ドイツで造られた全長三一メートルの双胴船「プラネット・ソーラー号」が、初めて太陽光エネルギーだけで世界一周を達成し、世界を驚かせました。この船は当時世界最大のソーラー駆動船でもありました。その後、二〇一五年にレース・フォー・ウォーター財団がこの船を譲り受け、シメオ

太陽光発電やAIカイトシステム、燃料電池などを搭載した100％環境配慮型の船、二代目「レース・フォー・ウォーター号」(c) Race for Water Foundation-Peter Charaf

ー二氏はさらに手を加えて一〇〇％環境配慮型の船に造り変えたのです。太陽光だけでなく、ＡＩを駆使したカイトで風力駆動もできるようにしたほか、水素生成装置と燃料電池を搭載して、太陽光と風力で駆動できない時でも、水素エネルギーにより八日間にわたって自力航行ができるようにしました。この船は二代目「レース・フォー・ウォーター号」となり、二〇一七年四月に二度目の旅（オデッセイ二〇一七-二〇二一）に出航しました。二〇一七年から二〇二一年までの五年間をかけて海洋プラスチックごみの調査と啓発活動をしながら世界を一周するという壮大な計画でした。

私が理事長を務めているＮＰＯ法人の

ゼリ・ジャパンは二〇一九年二月にレース・フォー・ウォーター財団と提携し、日本に寄港中のミッションに協力して活動することにしました。

ゼリ・ジャパンは二〇〇一年に「ゼロエミッション構想」を日本で展開するために設立されました。一九九四年当時、日本の国連大学学長顧問だったグンター・パウリ氏が「廃棄物を出さない自然の循環に倣いながら、廃棄物を資源として再利用し、最終的な廃棄物をゼロにすることを目指す」ゼロエミッション構想（ＺＥＲＩ）を提唱し、数年の間に世界に広がっていきました。このＺＥＲＩの日本の拠点として、パウリ氏と長年親交があった私が理事長になり、ゼリ・ジャパンを設立し、日本における環境教育の啓発と実践、産業連環の構築などを行って、循環型社会を実現するために活動することにしたのです。

ゼリ・ジャパンは、レース・フォー・ウォーター号が来日する前から、多くの企業・団体・大使館・自治体に対して呼びかけと訪問を行い、海洋プラスチック問題について啓発活動を進めました。しかし、レース・フォー・ウォーター号が日本に到着する直前になって、新型コロナウイルス感染症が拡大し、日本で予定していた活動の多くが実行できなくなるという予期せぬ事態に陥ってしまいました。規模は縮小せざるを得なかったものの、可能な範囲でできることを模索して啓発活動を行いました。

コロナ禍が長期化する中、様々な事情からレース・フォー・ウォーター財団が、この船を使った啓発事業を継続することが困難になってしまいました。しかし、世界一周という壮大なミッションを未完で終わらせるわけにはいかないと、シメオーニ氏と協議を重ねた結果、二〇二一年三月、この船を使った啓発事業は、グンター・パウリ氏がスイスに設立したポリマ財団が継承し、世界を巡る旅を進めていくことになったのです。啓発事業を継承するにあたり、世界が大きく変わろうとしているこの時期を捉え、ポリマ財団は船名を「ポリマ号」に改称し、この旅のミッションを拡張することにしました。科学者や起業家たちと連携し、世界が直面している社会課題を発掘して、イノベーションによってそれらを解決し、持続的な海の活用と未来への道筋を切り開いていくことを目標としたのです。

ポリマとは古代ローマ神話に登場する女神の名前で、出産に際して女性の安全を司る希望の女神とされています。未来に向けて、希望の旅が実現できるよう「ポリマ号」と名付けたのです。

ゼリ・ジャパンは、引き続き活動をサポートしていきます。レース・フォー・ウォーター財団も船は手放しましたが、設立当初からの「海を守る」というミッションを遂行すべく、陸上で行われているほかの事業を継続しています。

「ポリマ号」のロゴデザインは、イタリア人のアーティストであるミケランジェロ・ピストレット氏が制作しました。デザインのモチーフになった「インフィニティ」（無限）

は過去と未来をつなぐことを表します。私たちが行ったすべてのイニシアチブを一〇〇のシンボルにデザインして、インフィニティを造形しています。現在というこの時間は人生の中のほんの一瞬ですが、私たちが未来を創造するため、より多くのスペースを現在に作り出さなければならないという思いを込めています。

持続可能な経済モデル「ブルーエコノミー」の提唱者であるグンター・パウリ氏とともに、革新的技術や、ビジネスモデル「ブルー・イノベーション」について最新情報を発信、社会の変革を加速させます。未来を担う世界中の子どもたちともつながり、海洋プラスチック汚染問題のほかにも、海洋生物の多様性や海とともに暮らす人々の生活など、様々な角度から学べる環境教育に役立つ動画も発信していき、レース・フォー・ウォーター財団から受け継いだこの新たな旅を「ブルー・オデッセイ」と名付けました。

□ポリマ号はドバイ、そしてモロッコへ

大阪・関西万博のコンセプトは「いのち輝く未来社会のデザイン」です。持続可能な開発目標（ＳＤＧｓ）の達成を目指す、様々な取り組みとのコラボレーションが企画されています。ポリマ号とゼリ・ジャパンが参加する公式プログラム「ＴＥＡＭ ＥＸＰＯ 二〇

二五」もその一つです。

ポリマ号は太陽光、風力、水素エネルギーを組み合わせ、再生可能エネルギーによる完全自走型の船として、これまで世界一五万キロ以上を航海し、二〇二一年一二月に、大阪北港から世界航海に出航しました。ポリマ号は、大阪・関西万博のスペシャルサポーターとして世界を巡り、アラブ首長国連邦（ＵＡＥ）で二〇二一年一〇月から二〇二二年三月にかけて開催されたドバイ万博には会期終了直前の三月に到着しました。現地では大阪・関西万博のプロモーションを行うとともに、ドバイ万博のテーマである「Connecting Minds, Creating the Future 心をつなぎ、未来を創る」を、大阪・関西万博の「いのち輝く未来社会のデザイン」につなげるセレモニーも行いました。その後ドバイからモロッコまで航行し、そこで一年がかりの大規模な改修を行います。船体に様々な工夫を施すとともに、多数の先進技術機器を搭載し、その後さらに世界各地に寄港して、大阪・関西万博のキャンペーンとイノベーション（ブルー・イノベーション）の普及を目指します。

航海中には、起業家を巻き込み、海洋プラスチックごみの削減、マイクロプラスチックの回収システムなど海の浄化につながる新エネルギー、技術やシステム、新材料の開発など、ブルー・エコノミーの実現に向けて社会の変革につながるビジネスチャンスを創出していきます。

2021年12月に大阪港に寄港したポリマ号

二〇二五年に大阪・関西万博が開催されている大阪へ帰り、「ブルー・オデッセイ」は完結します。この活動を通して、人々の問題意識が高まり、市民運動と企業活動がうまく相互作用し、様々な社会課題に対するソリューションが見つかることを願っています。

春の夜空に、おとめ座の星々が美しくきらめき、その中に「ポリマ」と名付けられた恒星があります。かつて人類は羅針盤を持たず、夜空の星だけを頼りに航海していました。星は道標であり、旅の守り神でした。ポリマは、古代ローマ神話に登場する女神で、未来を司る神です。未来を告げる予言の神であり、また、無事な出産を願う母親が祈りを捧げた出産の守護神です。医学が未発達だった時代、出産には危険が伴いました。誰もが「次世代を作る子どもたちが、どうか無事に生まれますように」と女神の加護を願ったことでしょう。

現在、私たちの地球環境は人類の歴史上で最も大きな変化を迎えようとしています。地球温暖化、森林減少、砂漠化、大気汚染、海洋汚染など、様々な困難が私たちに迫っています。

私たちが現在取り組んでいる海洋プラスチックごみ汚染は大変深刻な問題です。美しい海を未来に残し、持続可能な海洋資源の利用のために、世界的な啓発活動に取り組み、大阪・関西万博とも連携しながら、明るい未来への道を切り拓くためにポリマと共に進んでいきます。

□渋沢栄一に倣い、SDGsを推進しよう！

二〇二一年のNHK大河ドラマ「青天を衝け」を多くの方がご覧になったでしょう。特に経済人にとっては、ドラマの主役である渋沢栄一の物語や、その言葉は胸に刺さったのではないでしょうか。

渋沢栄一賞の受賞式で

渋沢栄一は、江戸時代の幕末期から明治維新を経て、昭和初期まで活躍した「日本資本主義の父」と呼ばれる偉大な経済人です。五〇〇近い企業と六〇〇もの諸団体や福祉事業を創設し、その多くが、みずほ銀行やキリンビール、王子製紙、東洋紡のような企業や、一橋大学の前身の商法講習所（商業学校）など、現代につながる大企業や組織として、今も日本を支えています。

実は私は二〇一三年に東京経営者協会から推薦していただき、埼玉県が主宰する渋沢栄一賞をいただきました。渋沢栄一の精神を今に受け継ぐ企業経営者に贈られるものです。それがきっかけで、渋沢栄一という人物の研究に着手し、渋沢栄一に倣ってビジネスの在り方を模索しています。

渋沢栄一は、埼玉県の今の深谷市、当時の血洗島村の藍玉の商家に生まれました。黒船で有名なペリー来航を機に、全国で尊王攘夷の機運が高まる中、徳川幕府転覆を企て仲間と決起を図りますが、いとこの説得もあって決起には至りませんでした。それどころか、紆余曲折を経て最初の思惑とは反対にまだ将軍になる前の一橋慶喜（後の徳川慶喜）の家臣に召し抱えられることになります。一八六四年、栄一が二五歳の時です。

一橋家の下役から始まった仕事ですが、商売の経験と理財の才能からどんどん取り立てられて出世していきます。そんな中、慶喜が徳川家の将軍に推挙されて、徳川幕府第十五代将軍となり、開国か攘夷で国が揺れる中、栄一も激動の渦中に巻き込まれていきます。幕末の当時、欧州列強諸国の中でもフランス政府は徳川幕府に肩入れします。時はナポレオン三世の治世、一八六七年にパリ万博が開催され、江戸幕府は参加を決めました。慶喜の弟である徳川昭武が日本の代表としてパリ万博に参加することになりました。

理財の才能を認められていた栄一が随行者に加えられ、会計一般を担当することになりました。当時の万博は産業博覧会といった要素が強く、紹介された日本の文化は欧州の東洋趣味とも相まって、その後ジャポニズムを生んでいくことになります。当時、アジア諸国が次々に欧州列強の植民地とされる中にあって、今から見れば健気な心意気で、日本は万博に参加したものだと思います。パリ万博が開催された翌年一八六八年、慶喜が政権を返上する大政奉還と、王政復古の大号令により新政府による明治時代が始まるのです。

明治に入っても栄一は大隈重信や井上馨らに口説かれて、明治政府に出仕します。廃藩置県による藩札の買い上げ、解雇された武士への補償、諸制度の法律制定など新しい国づくりに八面六臂の活躍をしましたが、政権を動かしていた大久保利通らと意見が合わず官を辞職します。その後、第一国立銀行を中心に多くの事業に関わっていくのです。

渋沢栄一の著書では『論語と算盤』が有名です。そこでは、

士魂商才（Do business with the heart of Japanese Warrior）

仁義道徳（Humanity and Justice）

利用厚生（Business）と仁義道徳（Justice）の結合

が重要だと説いています。

パリ万博に参加し、欧米諸国と日本との差を目の当たりにした渋沢栄一は、商業の重要性を若いうちから認識し、利益を上げることの大切さを説きました。一方で、利益を上げるために私利に走って搾取をするのではなく、道徳に基づいた公益追求と持続可能な事業の継続、すなわち道徳と経済の両輪を回して国を豊かにする経営を追求しました。

渋沢栄一の思想は「道徳経済合一説」です。『論語と算盤』では「仁義道徳と生産殖利

はともに進むべき」と述べ、「道徳」と「経済」は不可分と考えました。道徳とは、人間のあるべき姿と生活の規範です。ビジネスを行う上で道徳的な側面や社会に貢献する公益を常に考え、その一方で公益の追求という社会事業もビジネス的な観点がなければ持続できません。こうした視点は、今でいうＳＤＧｓやＣＳＲ（企業の社会的責任）に通じるものがあるといえます。つまり、立派なことばかりを唱えて会社がつぶれたら元も子もないけれど、利益ばかりを追求して公益の視点がおろそかになっては社会全体が豊かにならず、結果的に自分も損をするということです。

現在、気候変動、生物多様性の減少、プラスチックごみの海洋汚染、貧富の格差拡大、そして感染症のパンデミックなど、人類と地球の持続性を脅かす問題が噴出しています。これらの問題をビジネスでどう解決していくかは、渋沢栄一から後世の私たちに託された課題ではないでしょうか

□万博を成功させて次の一〇〇年へ

渋沢栄一がフランス・パリで参加した一八六七年の万博から一五八年後の二〇二五年、大阪・夢洲を舞台に大阪・関西万博が開催されます。世界がこんなにも大きく変わってし

まっていると渋沢栄一は想像できたでしょうか。

一九世紀後半の日本は激動の時代でした。二五〇年以上続いた江戸幕府の支配が、マシュー・ペリー提督が率いる米国海軍東インド艦隊の艦船四隻が日本に来航したいわゆる「黒船来航」により、鎖国政策を破棄して開港を迫られ、世界の国々と向き合うことになりました。徳川幕府が倒れて幕藩制が廃止され、政権が新政府に移って日本の近代化が進みます。天皇を中心とする中央集権国家と資本主義化が発展し、その範囲は政治や官僚体制・法制度・地方行政・金融・流通・産業・経済・文化・教育・外交・宗教・思想政策まで、ありとあらゆる分野の改革と近代化が進みました。

明治維新は、当時を生きた人たちにとっては、世界がひっくり返るほどの大きな変化だったに違いありません。けれども明治時代の人たちは変化を受け入れ、日本は近代化を急ぎ、欧米の列強諸国に追いついていったのです。

ロシアのウクライナ侵攻を見るにつけても、一九〇四年二月から一九〇五年九月まで、日本がロシア帝国と戦った日露戦争を思い返さざるを得ません。当時極東といわれたアジアの片隅の小国だった日本が、ヨーロッパ列強の一国だったロシアと戦って勝利したことは、アジアやバルト海、東ヨーロッパの国々に大きな勇気を与えました。日露戦争でのロシアの敗戦を契機として、ヨーロッパは激動の時代を迎えます。ロシア第一革命（一九〇五年）、第一次世界大戦（一九一四－一九一八年）、二月革命によるロマノフ王朝の終焉（一九一七年）、ハプスブルク王朝の崩壊（一九一八年）、ソビエト連邦の成立（一九二二年）へと、日本のロシアに対する勝利が、中世から近世の社会構造を基盤としたヨーロッパを大きく揺るがし、民族自決を促すきっかけになったことも、私たちはしっかりと考えるべきでしょう。

いま世界中が、日本が明治維新で経験した以上の大きな変化に対応し、取り組んでいかなければならないのです。それだけ大きな変化が世界的、地球的に起こりつつあります。

これまで正しいと信じてきた経済の仕組みを転換し、生活の仕方や考え方を変え、行動していかなければいけないのです。ＳＤＧｓは、二〇三〇年に向けて世界が目指すべき目標であり、その先の世界の未来を築いていくための基礎となっていくものです。二〇三〇年の先に向けては新たな目標が設定されると思いますし、二〇五〇年には世界中の多くの国々が目標に置くカーボンニュートラルの達成が待ち構えています。残された時間は長くはありません。

二〇二五年に開催される大阪・関西万博をきっかけに、二〇三〇年、二〇四〇年、二〇五〇年の未来に向けて着実に目標を達成していかなければいけません。そのためのコンセプトは「地球市民宣言」です。地球市民として環境や地球温暖化などの課題解決に寄与し、自由や平和という社会的な価値を共有し、誰一人取り残さないというＳＤＧｓの理念を実践したいと思います。

これから訪れる未来を漠然と待っているのではなく、自ら「未来を創る」という気概をもって、挑戦したいと思います。

渋沢栄一が、明治という新しい時代の中でもがきながら日本の近代化を引っ張っていったように、自分のできることを一つひとつやり遂げていくことが、いずれは世界を変えていくことになると信じ、そのためのネットワークづくりや次世代にバトンを渡すことを目指します。

サラヤとしては二〇二二年の創業七〇周年と、二〇二五年の大阪・関西万博、二〇三〇年のＳＤＧｓの目標年をそれぞれマイルストーンに据えて、次の七〇年、八〇年、一〇〇年に向けて進んでいきたいと考えています。

私の経営観

□私の人生観と仕事観

小学生の頃やんちゃが過ぎたのでしょう、実家が曹洞宗だった私は、何のつながりがあったのか、福井県の永平寺に一週間ほど預けられました。

子どもながらに形だけですが参禅しました。早朝の読経から寺の掃除の後、お粥と漬物という質素な朝食をいただきました。しゃべることもなく、静かにお粥をいただいた後は、お椀に白湯を入れて漬物で食器をぬぐい、白湯と一緒にお椀に残った粥をかきこみました。鎌谷仙龍という老師が、仏道修行に励む専門僧堂を運営する僧侶の修行の指導者でした。小学生だった私を気にかけてあれこれ面倒をみてくれて、午後には私を部屋に呼んで菓子と抹茶をご馳走してくれました。三〇分ほど正座をしていると、足がしびれてもぞもぞし始めて立ち上がれなくなったりしました。

そんなご縁もあり、中学校・高校時代には、老師ご本人が住職をしている鳥取県の大樹寺に参禅のお誘いをいただきました。足のしびれを恐れながらも訪問し、いろいろな思い出ができました。子どもの頃の手習いというのは大人になっても忘れることがないもので、それからも仏教の書物には興味を持ち続けました。

最近「維摩経（ゆいまきょう）」の解説本を読みました。維摩経は、維摩という菩薩が在家にあって、文殊菩薩などの仏様と対話をし、名だたる仏様たちをやりこめて納得させるというお経です。仏教の本質は、世俗を離れた山深いところで悟りを求めるのではなく、人里に住まい、市井の人々や世俗とともにありながら悟りを求め、修行するべきことと述べています。維摩経は、大乗仏教の成立とともにできた経であるとされており、聖徳太子もこの経に注目して、法華経（ほけきょう）、勝鬘経（しょうまんぎょう）とともに仏教で最も重要な三つの経として『三経義疏』という書にまとめて紹介しています。維摩経では、仏教思想の中心にあるものが、知恵と慈悲であることを示し、これを修行し体得するのが悟りへの道だとしています。知恵とは、何のこだわりも持たず、執着などの囚われを捨て、全ては平等だという目で、この世の本質を見ること。慈悲とは、相手の痛みや苦しみを自分のことと感じる心を持ち、他者の痛みを自分の痛みとして、他者の喜びを自分の喜びとすることと示されています。この真の知恵と慈悲を体得することが仏教の修行ですが、自分一人が知恵と慈悲の悟りを持つことができても、さらに衆生を救う活動をするのが菩薩であるとされています。私たちはそれぞれの人生と職業を通じて、菩薩になれるよう努力しなければならないと考えました。

テレビが普及し始めた昭和三〇年代の中頃、「三太物語」という番組がありました。主人公の三太が「人間は何のために生きているのか」と問われて、いろいろ答えを探したことを妙に覚えています。三太自身は、「メシを食うため」と答え、大人たちは「人間は遊ぶ存在（ホモルーデンス）である」と答えたり、「子孫をつくるため」とか「愛するため」などいろいろな答えが出たりしましたが、番組ではっきりとした答えは出しませんでした。

人間であればまずメシを食って、恋をして家庭を築いて、子どもを残して大過なく死んでいきたいものです。ただ、人生を生きていく以上、それらに加えて何かを求め、それを成し遂げようと日々もがくこともあると思います。追い求めていくものが何かは人それぞれ異なりますが、私はビジネスと企業経営に人生の意味を見いだし、社会により良いインパクトを与えることが「生きる意味」だという答えになりました。

さて企業経営の根幹には、何をなすべきかという企業のミッションがあり、企業を運営していくにあたって経営理念が重要になります。サラヤのミッションは「世界の衛生、環境、健康の向上に貢献する！」ことです。私が一九九八年にサラヤの社長に就任して二〇年間余にわたって徐々に世界に展開してきました。これはありがたいことです。経営理念については、お客様第一主義などいろいろな言葉で語っていますが、端的に言って、お客様をしっかり見ながら楽しく仕事ができるよう、それぞれの社員がお互いに気を遣い、愛矯と愛情をもって仕事ができるように心がけようと社内では言っています。仕事に真剣に取り組むあまり執着の度が過ぎると、様々な対立が起きたりハラスメントが起きたりすることがありますが、極端なことを言ってしまえば、仕事に命を捧げることもないので、「同じやるなら楽しく、もし対立があれば、深呼吸して、意味を考え、仕事をもっと楽しくしよう」と折に触れて言いまわっています。

□歴史観

私たちの世代は、戦後生まれの第一世代である団塊の世代のしっぽです。団塊の世代は人数が多く、小学校時代は教室が足りなくて急場しのぎのプレハブ教室で、あふれかえった児童を収容していました。人数が多いので競争も激しく苦労しました。とにかく人数が多かったので、中には変わった人やユニークな人もいて、今でいう多様性がありました。そんな団塊の世代が、ファッションや流行に大きな影響を与えて社会を変化させてきました。大学ではこの団塊の世代が中心になって学生運動が起こり、民青だ、中革だ、革マルだと騒いで教師を吊るし上げてデモに参加していました。

私は大阪大学の柔道部の部員だったので、学生運動を取り締まる側に駆り出されました。

学生運動の熱狂が過ぎ去ると、騒いでいた多くの学生は、何事もなかったかのように企業に就職し、それまで批判していた資本主義体制の兵士として仕事に奔走し、バブル景気がはじける一九九一年頃までの二〇年間にわたって昼は営業に飛び出し、夜は毎夜の接待で、昼はうたた寝しながらも頑張ってきました。

しかし、景気の加熱化による行き過ぎた不動産価格の高騰を沈静化させることを目的に、一九九〇年三月に当時の大蔵省から金融機関に対して出された銀行局長通達「土地関連融資の抑制について」によってバブル景気はあっけなくはじけました。そこから日本の苦難の時代は始まり、「失われた三〇年」といわれつつも、厳しい時代をしぶとく生き抜いてきているのです。

このような時代を経て、今や資本主義の体制や、自由主義経済に疑問を持つ人が増えてきました。資本主義は、株式市場などを通じて資金をビジネスに供給し、企業は資本を活用して発明や発見を社会に実装し、社会の経済的な発展をもたらしました。

お金には利子はついても何に使われるかという色はつかないので、資本は時として反社会的なビジネスや暴力的な行為にも使われます。企業活動も利益追求が行き過ぎて近年は地球環境に大きな影響を与えるようになりました。こうした人間の活動が地球や社会に対する負の側面として、地球温暖化や生物種の減少、プラスチックごみによる海洋汚染、貧富の格差などのグローバルな問題をもたらし、巡りめぐって私たちの生活にも直接的な影響を及ぼすようになってきています。

今までの資本の活用法や金融の体制が生み出した多くの矛盾をはらみながらも、新しい仕組みや社会の構築に向けて改善と変更を繰り返し、ビジネスや生活の基盤として資本を上手に活用しつつ、地球の持続可能性を守ることに挑戦する時代が始まっているように思います。人類に残された限られた時間の中で、スピード感を持って変化に対応する必要があります。

この原稿を書いている時に、ロシアのウクライナ侵攻が起きました。ロシアのプーチン大統領はウクライナのゼレンスキー大統領を「ネオナチのヒトラーだ」と非難して、ウクライナを解放すると言っていますが、実はプーチン自身がヒトラーではないかと思っています。

ロシアでは一九一七年のロシア革命でロマノフ王朝とそれを支えてきた貴族、社会を構成してきた農奴からなる社会・経済体制が崩壊し、社会主義国家のソビエト社会主義共和国連邦（ソ連）が誕生しました。社会主義体制の矛盾と制度的な疲労により、連邦国家だったソ連は一九九一年に解体され、ソ連の多くの資産はロシアが引き継ぎました。

ロシアの現政権は、皇帝プーチンと高級貴族のオルガルヒ（新興財閥）という、ロマノフ朝の昔から変わらない社会・経済体制を引きずっているようにも思います。このロシアの古い体制は、いずれ歴史の必然として時間とともに新しい体制へと変化すると思いますが、何がきっかけになるのか、そしてどのような経緯をたどるのかは未知数です。現代の皇帝であるプーチンが始めたウクライナ侵攻を収めるのは簡単なことではありませんが、「歴史は繰り返す」という言葉の通り、いずれロシアの所業の評価は下されることになるはずです。

「歴史は繰り返す」は、古代ギリシャの歴史家ツキディデスの言葉とされていますが、プロイセン王国の哲学者カール・マルクスも著書『ルイ・ボナパルトのブリュメール一八日』の冒頭で「ヘーゲルはどこかで言った。歴史上のあらゆる偉大な事実と人物は二度現れると。彼はこう付け加えるのを忘れた。最初は悲劇として、二度目は茶番として」という有名な言葉を残しています。

フランス革命を終結させ、フランス皇帝になったナポレオン・ボナパルトによるクーデターと、半世紀後に凡庸な甥ルイ・ボナパルトがクーデターで第二帝政を樹立したことを、皮肉をもって比較しています。現代のロシアの皇帝とも目されるプーチンの姿を、『資本論』を著し、社会主義と労働運動に強い影響を与えたいわばソ連の生みの親ともいえるマルクスが見たら、なんと言うでしょうか。今回のロシアの侵略行為については、いずれにしても歴史が評価することになるのです。

二十一世紀の戦争の新たな現象として、ロシアの軍事侵攻に対して、世界中でSNSを通じてウクライナと連帯しようという人々がウクライナ政府や市民に力を与えていることにも注目すべきです。こうした地球市民としての連帯は、SDGsの価値観を共有して、持続可能な社会を構築していく上で必ず世界を変えていく原動力になると思います。

さらに言えば、現在もなお続く共産主義や、旧ロシアの社会・経済体制にあって、独裁的リーダーは時に効率的な社会体制と効率的な経済運営を行いますが、その独裁的な権力で大きな軍事力を運用するリスクと恐怖を私たち地球市民は身をもって知りました。

特に原子力発電所への攻撃や核兵器の使用なども含めた核のリスクに対しては、地球市民としての気づきと取り組みが求められます。世界の一人ひとりとつながっているというネットワークの力を生かして、私たちは軍事力のリスクを抑えていかなければなりません。

世界的な課題となっているプラスチックごみによる海洋汚染、地球温暖化、生物多様性の減少、貧富の格差などグローバルな問題を十分に認識して、私たちは地球市民のグローバルなネットワークと、正しい倫理に基づくビジネスで解決していかなければなりません。

◻ 若者観

私は大阪府立天王寺高校に学びました。その先輩に小田実という方がいて、「ベトナムに平和を！　市民連合」、通称「ベ平連」という市民組織で反戦運動を展開していました。その小田さんが作家として書いた旅行記『何でも見てやろう』は若者のバイブルになり、当時航空券一枚と、バックパック一つで世界に飛び出ていく若者が増えたように思います。

五木寛之の『青年は荒野をめざす』や『青春の門』などの小説も、若者に影響力があったように思います。これを読んで影響を受けた友人のK君は、本の主人公の北淳一郎と同じルートをモスクワからヨーロッパまで旅しようと横浜からナホトカ航路でウラジオストクまで行き、そこから飛行機でモスクワに入ってヨーロッパを転々としました。恐らく小説の主人公の北淳一郎が女性にモテモテだったイメージがあり、自分も頑張ろうと訪欧したのだと思いますが、残念ながらヨーロッパ女性との関係は発展しなかったようです。ただ若い時の無謀ともいえる経験を積んで日本に帰ってきました。

かくいう私も、バックパックではありませんでしたが、ぜひ米国に留学したいと思って、どこへ行こうかいろいろ悩みました。当時ダスティン・ホフマン主演の『卒業』という映画が流行していました。ダスティン・ホフマン演じる主人公ベンジャミンの恋人エレーンが学んでいたのがカリフォルニア大学バークレー校（ＵＣＢ）でした。

サンフランシスコ市近郊のバークレー市にあるＵＣＢは、世界大学ランキングでは常に最上位に位置する大学で、サンフランシスコ湾を挟んで対岸に位置する私立大学の雄スタンフォード大学とはスポーツ分野を中心に長年ライバル関係にあり、両校とも世界屈指のエリート名門校です。

私にはＵＣＢが大変好ましく思えて手を尽くして入学情報を入手し、一九七四年に衛生工学・大学院入学にこぎつけました。しかし木村君と同じで、美しい女性との交流どころではなく、日々勉強に明け暮れて一九七五年末にやっと卒業して日本に帰ってきました。この海外留学経験は、世界が広がった貴重な経験としてその後の能力開発につながり、「地球市民」という意識を持つ原点になりました。

米国に留学する学生はアジアからは中国や韓国などが依然多いのですが、日本からの留学生はかなり減っているようです。経済的な理由もあるかもしれませんが、どうも若者が内向き志向になり、身の回りの自分の世界で満足してしまい、好奇心の乏しい欲のない若者が増えているとも聞きます。

携帯電話の画面ばかりを見て、人と人とが対面で交流することが減っていることも気になります。若者は若いうちに何でも見てやろう、やってみようと好奇心を持ち、若者だけが持つ特権として失敗を恐れず、世界に飛び出してほしいと思います。いま仮想現実の「VR」や三次元の仮想空間の「メタバース」が若者の心を捉えていますが、リアルの世界も捨てたものではありません。実際に匂いを嗅ぎ、味わい、モノに触れて、肌も触れ合って、リアルな世界を知って実社会に挑戦をしてもらいたいと思います。

サラヤでは若い世代にいろいろな体験をしてもらえるよう、実体験や活動を奨励しています。経営者としてはぜひ若い人たちにはどんどん挑戦してほしいと思っています。

サラヤの強さ自己分析

この書籍の編集者から、サラヤの強さについて自己分析してほしいというリクエストがありました。多くの経営者は、常にアンビバレントな二律背反の気質があり、物事がうまくいっている時でも、資金繰りを気にしたり、災害や事故が起こったらどうしようなど悪い事態について考えていると思います。

また自分が強いと考えるより、自分にいま足りないものは何だろうと考える傾向があります。つまり現状に満足せず、いつも何かを求めるといった、欲深い性質が経営者にはあるように思います。そこで「サラヤの強さ」というのはいったい何なのだろうかと、はたと考えさせられました。

サラヤの特徴のひとつは事業の多様性です。当社は、サニテーション（公衆衛生、食品衛生）、メディカル（医療分野の衛生、感染予防）、コンシューマー（一般消費者用の商品）、海外事業の四つの分野で事業を展開しています。

それぞれの分野にはそれぞれの専門性があり、この専門性を深める組織運営が必要で、マーケティングに関連して学会や研究機関との連携も必要です。常にエビデンスに基づいて商品を開発するため、サラヤには微生物や化学品の試験や調査、また環境負荷を減らすための素材やパッケージデザインの研究、食品組成や味の研究など、様々な目的の組織があります。

薬剤を使用するためのディスペンサー機器も製造していますし、最近はラカントをはじめとして食品の製造販売も始めています。このような複雑な事業構造に対して学術的な研究の充実、各地の工場も含めたサプライチェーン運営、資金管理や人のマネジメントが要求されます。子会社も国内外含めて数十社あり、企業としての多様性はサラヤが強い点でもあり弱点でもあります。

多様な組織運用には、人材開発と人を活用するための組織も重要です。例えて言うなら野球の強いチームは攻守のバランスが良いのと同じように、ビジネスでも攻（営業）と守

（ガバナンス）のバランスが必要です。サラヤはこれまでは何とかこの多様な組織の運用に成功していますが、これからもそれがうまくいくか保証は全くありません。まさに強みと弱みは表裏一体です。

社会は日々変化していて、企業はその変化を受け止めて、組織も人材も変化していかねばなりません。営業体制の拡大に合わせて、ガバナンスも進化し続ける必要があります。いまのサラヤの強みの一つは、スピード感を持って変化に対応していることですが、高速で自動車が走ればそれだけ事故を起こすリスクも増えるように、ここでも強みと弱みは表裏の関係にあります。

ギリシャの哲学者プラトンの著作『ソクラテスの弁明』で、ソクラテスは「自分が知者でない」ことを知っていることは、「賢い他者より、知者である」と述べています。「不知の自覚」、あるいは「不知の知」といわれるもので、強みは弱みに通じるリスクが常にあることを知っている（時々全く忘れてしまいますが）ことが最大の強みと、この話のオチにしておきます。

□ サラヤの未来像

紹介してきたようにいろいろな道を辿りながら、サラヤも二〇二二年に七〇周年を迎えました。七〇周年にあたってこれから一〇年、二〇年を見通して未来像を描きたいと考えていました。

しかし世界では、ロシアのウクライナ侵攻など、今まで予想していなかったことが起きています。ロシアから天然ガスなどの資源輸入を制限したことでエネルギー需給に変調が生じ、石油の価格や電力や都市ガスなどエネルギー価格が高騰しています。サラヤの事業にとって重要な主原料であるパーム油も二〇二一年から値上がりを続けていて、以前の倍くらいの価格になっています。原材料費のコスト上昇を吸収する努力や、お客様に値上げをお願いすることは容易ではありません。資源価格の高騰は企業活動に大きく影響して、ビジネスの消長が起こります。

さらに異常気象など自然災害やいずれ襲ってくる震災も気になります。バブル崩壊以来、日本の大企業は内部留保を積み増し、安全運転に努めてきましたが、欧米の企業と比べてダイナミズムに欠け、結果的に日本経済は失われた三〇年を過ごしました。

これからの未来は不確実性に満ちあふれています。不確実性の中であるべき未来の姿を描き、リスクとリターンを天秤にかけて対応することが必要です。サラヤは前向きに困難にチャレンジし、スピード感を持って変化に対応し続けるでしょう。

サラヤのミッションは「世界の衛生、環境、健康の向上に貢献すること」です。未来に向けたビジョンと将来像に関して、気になっていることを述べておきましょう。

①AMR菌の出現と対応

二〇一九年暮れに新型コロナウイルスが出現しました。新型コロナウイルスによる感染症のパンデミックで世界は混乱し、多くの人が感染して亡くなり、人類にとって大きな脅威となっています。

しかし、コロナ禍の陰で静かに、しかし着実にAMR（薬剤耐性）菌が市中感染、院内感染を引き起こしていることにも注目が必要です。世界保健機構（WHO）は、世界で毎年一六〇〇万人の人がAMR菌に感染していると報告しています。

父が若い時代には、結核は感染するとサナトリウムで静養し、いずれ吐血して死んでいくという不治の病でした。しかし英国スコットランドのアレクサンダー・フレミングが一九二八年に発見した抗生物質「ペニシリン」により、結核は治らない病気ではなくなりました。この功績でフレミングは一九四五年にノーベル生理学・医学賞を受賞しました。

しかし今、多剤耐性結核菌やMRSA（メチシリン耐性黄色ブドウ球菌）、VRE（バンコマイシン耐性腸球菌）、その他緑膿菌や多剤耐性アシネトバクターなど、続々と抗生物質の効かない耐性悪玉菌が現れています。感染管理、感染予防をコアビジネスにするサラヤとしては、これらへの対応を考えていく必要があります。

②ユニバーサルヘルスカバレッジ

ＡＭＲ菌の出現は、抗生物質、抗菌剤の使い過ぎが最大の理由ですが、ほかにも畜産や水産などの分野で、過密畜産・養殖が行われ、抗菌剤が多用されていることも原因の一つです。魚や牛豚などの動物が媒介する耐性菌が市中に現れ、病院やヘルスケアの分野に持ち込まれ、問題を複雑にしています。

ＷＨＯはワンヘルスというコンセプトで、抗生物質の使用に抑制や制限をかけようとしています。抗生物質は感染症に大変有効ですが、むやみに使い過ぎると耐性菌が現れて抗生物質が効かなくなります。ＭＲＳＡなどの耐性菌による院内感染が起こりやすくなっています。最初に感染するのは病人や子ども、高齢者など免疫力の低い人たちであるのは、どの感染症でも同じです。特に病院や高齢者施設などのヘルスケア分野では、感染予防のため抗生物質を投与する前にまず手洗い、手指消毒、ＰＰＥ（個人用防護具＝personal protective equipment）の適正使用など予防の徹底が必要です。

新型コロナウイルス感染症でも、感染対策を徹底していない施設でクラスターが多発したことは明記すべきです。サラヤは感染予防のための商品とサービスを「ユニバーサルヘルスカバレッジ」のコンセプトに基づき、ヘルスケアに関わる方々に対して「私をまもる、あなたをまもる」という目的を持って世界のどこからでも商品とサービスにアクセスできるような事業展開を目指します。

③アフリカビジネス

アフリカの多くの国は、いまだにユニバーサル・ヘルス・カバレッジに十分アクセスできていません。二〇一〇年に、ウガンダから始めたアフリカビジネスは、二〇二二年には北アフリカのエジプト、チュニジアに広がりました。これを西アフリカや南アフリカなどアフリカ大陸の各地域とそれぞれの国で広げていきます。

④SDGsとビジネス

ビジネスの前提となるのは企業が存在する社会と、事業を支える自然資本を提供してくれる地球環境です。SDGsは持続可能な経済と社会と環境を実現するため、一七の目標と一六九のターゲットを提示し、「誰一人取り残さない」という理念の下、目標達成を目指しています。目標の達成には「地球全体で考え、地域的に行動」することが必要です。

実際に人々が活動して変えていくことができるのはそれぞれの地域です。かつてカール・マルクスが『共産主義宣言』で「万国の労働者よ、団結せよ」と呼びかけたように、人、地域、企業の連帯が重要です。

しかし現在、地球上ではロシアのウクライナ侵攻など、世界を分断する動きも起きていて油断はできません。サラヤはビジネスを通じてＳＤＧｓを達成することを目指し、多くの関連企業と共に尽力しています。非営利団体（ＮＰＯ）などとの連帯も深めます。そのためには人材開発が大きな鍵となるのはいうまでもありません。

⑤衛生分野に加えて運動と栄養で健康を

二〇一五年に羅漢果の高濃度配糖体の抽出工場を、中国の桂林に竣工しました。その原料を中核に据えてビジネス展開を多様化し、低糖質食品の開発、レストランやホテルの運営、運動と栄養で健康を目指すビタレーザ事業など、食と運動に関わるヘルス事業をグローバルに展開していきます。

⑥環境事業とサーキュラーエコノミーの実現に向けて

関西再資源ネットワーク（ＫＳＮ）など環境系の関連会社を通じて、エネルギー対応や廃棄物処理のマネジメントを向上させビジネスの高度化を目指します。まあ見ていてください。

⑦手洗い世界ナンバーワン

サラヤの祖業は、赤痢の蔓延に対して、殺菌消毒できる手洗い石鹸とディスペンサーを製造販売したことです。このレガシーを「手洗い世界ナンバーワン」に昇華できるよう、頑張ります。

⑧「いのちをつなぐ学校」と人材育成

七〇周年の記念事業として、児童・生徒、学生、一般社会に向けて「いのちをつなぐ学校」を開校しました。教員用にテキストも作る予定です。生命の大切さや不思議さ、そして地球環境や多様性を学びます。『生物と無生物のあいだ』の著作を持つ生物学者で米ロックフェラー大学の客員教授でもある福岡伸一先生に校長先生に就任していただきました。

そして社内の人材育成のみならず、社外でもＳＤＧｓの目標達成に貢献できる人材育成を進めます。そのことが巡りめぐってサラヤのビジネスに還ってくるかもしれませんね。

本章の最後にあたって、サラヤは様々な事業・ビジネスを通じて、「持続可能な世界の実現を目指す」ことを、ここに宣言します。

不確実性が高まっている今の時代に、その実現可能性に疑問を持つ人もいるかもしれません。不確実性の中から楽しく愉快で持続可能な未来を切り拓くには、まだまだ努力が必要です。最も大切なことはバトンをつなぐ人材づくりを社内でも社外でも進めることです。多くの人が「地球市民」としてつながり、価値観を共有し、お互いを理解して尊重し、思いやりを持って行動することで初めて実現への道筋が見えてきます。サラヤはその道程を照らす小さな灯りとなって頑張っていきます。

そしてビジネスのことも社会のことも「地球的に考え、地域的に行動する」地球人になることで、持続可能な世界の実現に挑戦したいと思います。

地球市民宣言 ビジネスで世界を変える

2022年5月30日　第1版第1刷発行

著　者　更家 悠介

発行者　酒井 耕一

発　行　株式会社 日経BP

発　売　株式会社 日経BPマーケティング
〒105-8308　東京都港区虎ノ門4-3-12

装幀・デザイン　相羽裕太（株式会社 明昌堂）

制作　株式会社 明昌堂

印刷・製本　中央精版印刷株式会社

本書籍に関するお問い合わせ、ご連絡は下記にて承ります。
https://nkbp.jp/booksQA

ISBN978-4-296-11221-0
Printed in Japan